ACADÉMIE DE PARIS.

FACULTÉ DES SCIENCES.

THÈSE DE ZOOLOGIE,

SOUTENUE

DEVANT LA FACULTÉ DES SCIENCES DE PARIS

POUR ÊTRE ADMIS AU GRADE DE DOCTEUR ÈS-SCIENCES NATURELLES,

Par H. MILNE EDWARDS,

DOCTEUR EN MÉDECINE.

PARIS.

IMPRIMÉ CHEZ PAUL RENOUARD,

RUE GARANCIÈRE, N° 5.

1836.

RECHERCHES

ANATOMIQUES, PHYSIOLOGIQUES ET ZOOLOGIQUES

SUR LES ESCHARES.

CHAPITRE PREMIER.

INTRODUCTION.

Pour peu que l'on examine les coquilles, les plantes sous-marines et même les pierres qui abondent sur les bords de la mer, on ne tarde pas à remarquer à la surface d'un grand nombre de ces corps une sorte de croûte mince et rude que les pêcheurs appellent souvent une teigne, comme s'ils voulaient l'assimiler ainsi aux produits morbides des affections cutanées confondues par eux sous le même nom. Ces croûtes, de couleur terne, n'offrent pour celui qui les observe à l'œil nu que peu d'intérêt; mais vues sous la loupe, elles changent d'aspect et excitent l'admiration, tant leur structure est délicate et élégante : les unes se présentent alors comme une fine dentelle dont le travail serait d'une régularité parfaite et dont les mailles seraient remplies par une membrane plus fine encore; d'autres paraissent composées d'une multitude de petites cellules saillantes diversement réunies et ornées de stries, de pores ocellés ou de granulations miliaires; enfin, par leur forme et par leur disposition, elles varient presque à l'infini.

Une structure semblable se voit aussi dans les touffes foliacées que le filet ramène fréquemment du fond de la mer, et elle existe également dans diverses productions de consistance pierreuse et d'un volume assez considérable, qui se trouvent fixées aux flancs des rochers sous-marins.

Rondelet fut, à ce que nous croyons, le premier naturaliste qui, à l'époque de la renaissance, ait appelé l'attention sur un de ces corps singuliers. Dans son ouvrage sur les Poissons, il figura sous le nom de *Giroflade de mer* le Rétépore celluleux des auteurs modernes, et le considéra comme pouvant bien être l'*Eschara* mentionnée par Athénée; il le rangea parmi les Zoophytes, c'est-à-dire à la place qui lui appartient, mais il n'entra dans aucun détail propre à étayer l'opinion qu'il semblait avoir sur la nature animale de ce produit de la mer. (1)

Environ cinquante ans après, un Italien dont le nom est à juste titre célèbre, Imperato, étendit davantage nos connaissances sur les êtres qui nous occupent ici. Parmi les divers corps marins plus ou moins calcaires étudiés par ce naturaliste, et désignés de nos jours sous le nom commun de Polypiers, se trouve en effet, à côté du Rétépore, le *Porus cervinus*, qui n'est autre chose que l'Eschare cervicorne des classificateurs modernes. Imperato alla aussi plus loin que Rondelet sur la nature de ces êtres, car il leur reconnut les caractères de l'animalité. (2)

Pendant le dix-septième et la première moitié du dix-huitième siècle, le nombre connu des corps ayant une structure analogue à celle des Polypiers dont il vient d'être question, s'accrut beaucoup; mais ces observations nouvelles ne firent guère qu'augmenter la superficie de la science sans l'approfondir, car, au lieu de suivre la route si heureusement ouverte par Rondelet et Imperato, et de chercher de nouvelles lumières sur la nature

(1) Libri de Piscibus marinis (1554 et 5.) Trad. française (1558) 2ᵉ partie, p. 93.
(2) Historia naturale, p. 630 (Venise, 1572).

de ces êtres, on se contenta de noter leur existence, et on s'accorda généralement à les exclure du règne animal pour les ranger parmi les végétaux. Aussi est-ce dans les ouvrages de Clusius (1), des deux Bauhins (2), de Lobel (3), de Ray (4), de Morison (5) de Tournefort (6), et des autres botanistes de cette époque, et non dans les traités de zoologie, que sont consignées les notions imparfaites recueillies jusqu'alors sur l'histoire des Eschariens.

Ce fut Bernard de Jussieu qui découvrit la nature véritable de ces êtres. Stimulé par les observations de Marsigli, qui avait signalé dans le corail des parties qu'il appelait des fleurs, et surtout par celles bien plus importantes de Peyssonell, qui avait reconnu dans ces prétendues fleurs des animaux analogues aux actinies ou orties de mer, Bernard se rendit en 1741 sur les côtes de la Normandie, pour observer à l'état vivant, « avec la loupe et le microscope », les diverses productions marines que ces parages pourraient lui offrir. Dans cette première excursion, il put déjà se convaincre de la vérité de l'opinion, encore contestée, de Peyssonell, et constater l'existence de Polypes dans divers corps réputés jusqu'alors des végétaux ; mais avant que de publier le résultat de ses observations, il fit, l'année suivante, un second voyage sur les bords de la mer, et ce ne fut qu'en novembre 1742 qu'il communiqua ses découvertes à l'Académie des Sciences (7). Dans le mémoire qu'il présenta alors à cette société savante, on trouve la description et la figure de la *Flustre foliacée* des zoologistes d'aujourd'hui, et on apprend que chacune des mailles de ses expansions lamelleuses est une cellule renfermant un animal dont l'extrémité antérieure est couronnée de tentacules dé-

(1) Plantarum sive stirpium historia (1576.)

(2) J. Bauhin, Historia plantarum vol. 3, p. 809. (1651.)
G. Bauhin Pinax theatri botanici, p. 366 (1671.)

(3) Exoticorum libri decem. lib. IV. p. 124. (1605.)

(4) Synopsis methodica stirpium britannicarum, p. 42. (1690.)

(5) Plantarum historiæ universalis oxoniensis, t. II. pl. 8. fig. 16 et 17 (1680.)

(6) Institutiones rei herbariæ, t. I. p. 568 (1700.)

(7) Examen de quelques productions marines qui ont été mises au nombre des plantes et qui sont l'ouvrage d'une sorte d'insecte de mer, par Bernard de Jussieu, Mém. de l'Acad. des Sc. 1742, p. 290.

liés, et dont le corps, semblable à un petit ver blanchâtre, est un peu renflé au milieu et attaché au fond de sa loge par son extrémité postérieure. En examinant un autre animal de la même famille, cet habile observateur découvrit un canal intérieur communiquant au dehors par une ouverture buccale, et paraissant faire les fonctions d'un estomac; enfin il fit connaître les animaux de quelques autres productions marines, et il désigna tous ces êtres sous le nom commun de ***Polypes***, pour rappeler l'analogie qu'ils présentent avec les Hydres ou Polypes d'eau douce, sur lesquels l'attention du public venait d'être fixée par les belles expériences de Tremblay.

Peu de temps après, un naturaliste suédois, Loefling (1), étudia à l'état vivant une autre espèce de Flustre qui envahit la surface des Fucus de nos mers, et que Pallas a nommée *Eschare pileuse*. Il en observa les Polypes; et vit le développement du bourgeon reproducteur qui naît à l'extrémité de la cellule de l'animal adulte et constitue bientôt une nouvelle cellule dans laquelle apparaît un nouveau Polype; fait qui explique la disposition sériale qu'affectent toujours ces animaux agrégés.

Vers la même époque, Ellis (2) publia sur les Polypiers en général, qu'il désigna sous le nom de Corallines, un ouvrage plein de faits nouveaux et enrichi de nombreuses planches d'une exactitude remarquable. A l'exemple de Ray, il les divisa en Coraux, Corallines, Kératophytes, Eschares, Éponges et Alcyons, et il consacra au genre dont nous nous occupons ici un chapitre dans lequel il donna la description et la figure de plusieurs espèces nouvelles; mais ce travail, si important pour la zoologie proprement dite, ne contribua que peu au perfectionnement des connaissances que l'on possédait déjà sur l'organisation intérieure des Eschariens.

Il en fut de même de l'*Elenchus zoophytorum* de Pallas, publié en 1766. Le célèbre auteur de ce traité *ex professo* sur les Polypes (3) résume de main de maître ce que l'on savait sur la

(1) Der Schwedeshen akademie der Wissenschaften abhandlungen, t. 14, p. 117 (1752.)

(2) Essay towards a Natural history of corallines, by J. Ellis. 1755.

(3) Dans cet ouvrage il n'est guère question que des Polypes, car le groupe des Zoophytes, tel que Pallas l'admettait est loin de renfermer tous les animaux rayonnés désignés aujourd'hui

nature des Eschares, et en décrit les formes extérieures avec une grande précision; mais il n'ajoute que peu à l'histoire anatomique de ces petits êtres. Cependant les services qu'il rendit à cette branche de la zoophytologie ne consistent pas seulement à mieux caractériser les espèces déjà observées et à décrire des espèces nouvelles, il sut reconnaître les types principaux autour desquels les êtres qu'il avait à classer se groupent naturellement, et il porta dans leur distribution d'heureuses innovations.

Dans l'Elenchus, on trouve non-seulement le genre Eschare nettement défini et composé d'élémens homogènes, mais aussi, à la suite de cette division, un autre groupe dans lequel l'auteur réunit une foule de zoophytes qui présentent, comme nous le verrons dans un prochain mémoire, la même organisation individuelle que ces Polypes, et qui, à raison de leur port, avaient cependant pour la plupart été confondus jusqu'alors avec les Sertulaires, dont la structure est cependant tout autre.

Vers la fin du siècle dernier, Muller (1) et Othon Fabricius (2) fournirent quelques nouveaux matériaux pour l'histoire des Eschares ou *Flustres*, nom nouveau que Linné avait déjà substitué au premier, et que la plupart des auteurs ont adopté.

Un des meilleurs observateurs de cette époque, Cavolini, étudia sur le vivant plusieurs espèces d'Eschares, et signala l'analogie qui existe entre les animaux de ces Polypiers et ceux des Millepores, mais toutefois sans indiquer aucune différence importante entre la structure de ces derniers et celle des Sertulaires, etc. Il fait connaître pour quelques espèces le nombre de tentacules, et la disposition que prennent ces appendices lorsqu'ils rentrent dans la cellule; il signale l'existence d'une cavité tubiforme qui descend de la bouche et sert d'estomac; enfin il parle d'une matière jaunâtre située au fond des cellules, et la consi-

sous le même nom; à l'exception des Brachions, qui n'appartiennent pas à ce type, il n'y admet que de véritables Polypes ou du moins des êtres que presque tous les zoologistes rangent encore dans cette classe.

(1) Fauna Danica. t. III, (1789.)

(2) Fauna Groenlandica, p. 434-438.

dère comme pouvant être une espèce d'ovaire ; mais il n'ajoute rien de plus sur la conformation intérieure de ces petits êtres. (1)

Un autre naturaliste italien dont le nom sera toujours cher aux physiologistes, Spallanzani, est souvent cité comme ayant puissamment contribué à l'avancement de l'histoire des Eschares. On trouve en effet, dans la relation de son voyage en Sicile, des détails pleins d'intérêt sur un animal qu'il appelle ainsi (2); mais il est à remarquer que ce Polype, au lieu d'appartenir au genre Eschare ou au genre Flustre, tels que tous les auteurs systématiques circonscrivent ces groupes, se rapporte évidemment au genre *Cellularia* de Pallas ou *Cellaria* de Lamarck, et se rapproche des Eucratées et des Ménipées de Lamouroux et de M. de Blainville. (3)

En 1803, Mohl publia à Vienne une monographie des Eschares (4), mais sans donner de nouveaux détails sur la structure intérieure de ces animaux ; car il se borna à en étudier les dépouilles solides telles qu'on les voit conservées par dessiccation dans les cabinets zoologiques. On lui doit d'avoir décrit et figuré avec soin plusieurs espèces nouvelles ou mal observées, et d'avoir signalé dans la conformation extérieure de ces Polypes quelques points importans à connaître, tels que l'existence d'une

(1) Memorie per servire alla storia de' Polypi marini, Prima e terza memorie. Naples, 1785.

(2) Viaggi alle due Sicilie, t. 4. p. 260. tab. x. fig. 9. Spallanzani donne à ce Polype le nom d'*Eschara ramosa* (op. cit. p. 244). Lamouroux le mentionne sous le nom de *Flustra italica* (Hist. des Polypiers coralligènes flexibles, p. 111.)

(3) Voici du reste ce que Spallanzani a observé relativement à la structure de ce polype. Les cellules, qui sont réunies en séries linéaires et rameuses de manière à former une sorte de petit buisson touffu, présentent chacune une seule ouverture et renferment un Polype dont l'extrémité antérieure est couronnée de tentacules insérés autour d'une bouche centrale, pouvant à la volonté de l'animal saillir au dehors ou rentrer dans sa loge. Ces tentacules qui, en s'épanouissant figurent une cloche renversée, déterminent dans l'eau ambiante des courans et dirigent ainsi vers l'orifice buccal les corpuscules alimentaires suspendus dans ce liquide. La moindre commotion détermine la rentrée du Polype, et lorsqu'il est rentré dans sa cellule on l'aperçoit encore à travers les parois transparentes de cette cavité. Ses tentacules sont alors rassemblés en un faisceau, et son corps est courbé en arc ; son extrémité postérieure ne paraît pas fixée au fond de sa loge ; enfin on le voit mourir pendant que de nouvelles cellules renfermant de jeunes Polypes, se développent et paraissent se fixer au sommet des anciennes cellules dont elles semblent naître par des espèces de bourgeons.

(4) Eschara ex Zoophytorum sive Phytozoorum ordine pulcherrimum ac notatu dignissimum genus novis speciebus auctum, methodice descriptum. br. in-4°.

sorte d'opercule servant à fermer l'entrée de la cellule polypifère de la même manière que cela a lieu dans certains Millepores, chez lesquels Cavolini avait déjà remarqué cette particularité.

D'autres naturalistes, en étudiant les couches fossilifères de l'écorce du globe, acquirent la preuve de l'existence des animaux presque microscopiques dont nous nous occupons ici, à une époque bien antérieure à celle marquée par l'apparition de l'homme sur la terre. On reconnaît leurs dépouilles dans quelques fossiles de la craie de Maëstricht, figurés par Faujas de Saint-Fond (1), et MM. Desmarets et Lesueur ont décrit, dans un mémoire spécial, plusieurs autres Eschares antédiluviens. (2)

Le nombre toujours croissant des espèces inscrites dans les catalogues de la zoologie sous le nom d'Eschare, ne tarda pas à faire sentir la nécessité d'établir dans ce groupe plusieurs subdivisions génériques.

Lamarck, qui a rendu de si grands services à la zoophytologie aussi bien qu'à la conchyliologie, entreprit cette tâche, mais ne fut pas toujours heureux dans le choix des caractères dont il fit usage pour l'établissement de ses divisions : prenant pour base de sa classification la consistance plus ou moins pierreuse et la conformation générale du Polypier, c'est-à-dire de la dépouille tégumentaire des Polypes, il ne pouvait en effet arriver à un arrangement naturel, car les différences que l'on rencontre dans la dureté de cette enveloppe et dans la manière dont les divers individus d'une même souche s'aggrègent, ne paraissent avoir que peu d'importance dans l'économie de ces petits êtres, et ne coïncident avec aucune modification constante dans leur structure intérieure. Aussi, non-seulement il existe beaucoup de vague et d'arbitraire dans la délimitation de ses divisions génériques, mais encore les affinités naturelles les plus étroites sont souvent méconnues, et des êtres conformés d'après des types différens rassemblés dans le même groupe. Dans le système de Lamarck, la *section des Polypiers à réseau* correspond à-peu-près

(1) Histoire naturelle de la montagne Saint-Pierre.

(2) Bulletin de la Société Philomatique. t. 4.

au genre Eschare de Pallas, et se divise en divers genres désignés sous les noms de *Flustre*, de *Tubulifère*, de *Discopore*, de *Cellepore*, d'*Eschare*, d'*Adéone*, de *Rétépore*, d'*Alvéolite*, d'*Ocellaire* et de *Dactylopore* (1). Quant aux *Cellulaires* de Pallas, qui se lient de la manière la plus étroite aux Eschariens en général, Lamarck les relégua dans la *section des Polypiers vaginiformes* où elles se trouvent enclavées entre les Sertulaires, les Plumulaires, etc., qui appartiennent à un autre type organique, et les Dichotomaires, qui ne diffèrent pas essentiellement des Corallines, et doivent prendre place dans le règne végétal.

Malgré les défauts que nous venons de signaler, le travail de Lamarck ne laissa pas que d'être très utile aux progrès de la branche de la zoologie dont nous nous occupons ici, car il montra combien sont nombreux et variés les petits êtres confondus avant lui sous le nom commun d'Eschare, et il fixa sur eux l'attention des naturalistes. Du reste, il n'étudia que la dépouille desséchée de ces Polypes, et par conséquent il ne put rien découvrir de nouveau touchant leur structure intérieure.

Pendant que Lamarck préparait le grand ouvrage dont le second volume est consacré aux Polypes, Lamouroux s'occupait du même sujet, et fit paraître à Caen un traité spécial sur les Polypiers coralligènes flexibles. D'après la date de la présentation de son manuscrit à l'Institut, on pourrait même lui attribuer l'antériorité sur Lamarck, et penser que ce dernier savant, nommé par l'Académie des Sciences commissaire pour l'examen du mémoire de Lamouroux, avait profité de cette circonstance pour s'approprier les résultats obtenus par ce zoologiste. Un auteur récent semble porté à croire que les choses se sont passées de la sorte; mais les traditions du Muséum prouvent qu'il n'en est rien, et je me plais a rendre ici toute justice à la conduite de Lamarck. En effet, M. Valenciennes, qui était alors attaché à Lamarck en qualité d'aide-naturaliste, m'a assuré que depuis long-temps toutes les divisions génériques établies par ce professeur dans la classe des Polypiers se trouvaient indiquées dans la collection publique du Muséum, et que pour faciliter le

(1) Histoire des animaux sans vertèbres, t. 2, (1816.)

travail de Lamouroux sur le même sujet, Lamarck avait mis généreusement à sa disposition toutes les richesses de cet établissement déjà dénommées et classées par ses soins.

Du reste, la méthode adoptée par Lamouroux et développée dans ses deux principaux ouvrages, est encore moins naturelle que celle de Lamarck, car, divisant toute la classe des Polypes d'après la flexibilité ou la rigidité complète du Polypier, il sépare les Eschares de Pallas en deux groupes placés, l'un dans la section qui renferme les Cellaires, les Sertulaires, les Gorgones, etc., l'autre dans celle qui comprend les Millépores et les Madrépores. Il augmenta le nombre des espèces connues, mais se borna à l'étude des parties solides desséchées, et ne dit presque rien des animaux qui les habitent; toutefois ce qu'il avait pu apercevoir de l'organisation de ces Polypes le porta à croire qu'ils étaient beaucoup plus compliqués dans leur composition qu'on ne le pensait généralement. « A la vérité, dit-il, le sac alimentaire n'a qu'une « seule ouverture, mais la variété des parties qu'offrent ces pe- « tits êtres est telle qu'on y découvrira, en les étudiant, des « organes destinés à diverses fonctions vitales subordonnées à « l'organisation générale (1). » Du reste, il n'en donne aucune description anatomique.

Cuvier, dans son immense travail sur la distribution du règne animal fondée sur l'organisation, semble s'être contenté, pour les Polypes, des observations faites par ses prédécesseurs, et n'évita pas les imperfections que nous venons de signaler dans les systèmes de Lamarck et de Lamouroux. Il n'ajouta rien à ce que l'on savait déjà sur la structure intérieure des Eschariens et se borna à les comparer aux Hydres, c'est-à-dire aux Polypes les plus simples que l'on connaisse. (2)

M. de Blainville, dans l'article *Flustre* du Dictionnaire des Sciences naturelles, après avoir rapporté les observations de Spallanzani sur les Polypes, rangés à tort dans ce genre, ajoute en parlant des cellules : « Il paraîtrait certain que quelques es- « pèces offrent deux ouvertures, ce qui pourrait faire croire

(1) Hist. des Polypiers coralligènes flex. p. 100.
(2) Règne animal, première édition, t. 4, p. 74.

« que le canal intestinal de l'animal en a autant, et que, par « conséquent, il doit être placé plus haut que les véritables Po- « lypes, et peut être rapproché des animaux qu'on a nommés « Alcyons à double ouverture, c'est-à-dire des Ascidies, ce qui « est encore au moins fort hasardé » (1). Nous verrons bientôt que cette prévision ne tarda pas à être vérifiée, et cependant il n'existe aucun rapport entre la seconde ouverture de la cellule et la terminaison anale de l'intestin.

En 1827, M. Grant, à qui l'on doit des observations si intéressantes sur les Éponges, publia à Édimbourg un mémoire très important sur la structure et la reproduction de la *Flustra carbasea* et de la *Flustra foliacea* (1). Cet habile anatomiste, après avoir fait connaître la conformation extérieure de leurs cellules, étudie la structure intérieure de ces Polypes, décrit les cils vibratiles dont leurs tentacules sont garnis, leur cavité digestive recourbée sur elle-même, et un organe particulier appendu à l'extrémité de cet appareil; enfin il suit le développement des germes reproducteurs qui apparaissent d'abord sur la face interne de la paroi postérieure de la cellule, et qui, devenus libres, sortent de ces loges, nagent dans le liquide ambiant, puis se fixent sur quelque corps sous-marin et se transforment en autant d'animaux sédentaires semblables à leurs parens, et pouvant aussi se multiplier par de simples bourgeons.

Revenu depuis peu d'un voyage sur les bords de la Méditerranée, où je m'étais livré à l'étude des Polypes qui vivent dans cette mer, je ne connaissais pas encore le travail de M. Grant, lorsqu'en 1828 je me rendis aux îles Chausay avec M. Audouin, pour y poursuivre nos recherches anatomiques et zoologiques commencées à Granville deux ans auparavant. Pendant cette excursion, nous nous sommes occupés aussi de l'organisation des Flustres, et, tout en observant de notre côté les faits anatomiques déjà constatés par M. Grant, nous avons fait un pas de plus. En effet, nous nous sommes assurés que la cavité digestive des Flustres n'est pas un cul-de-sac ne communiquant au

(1) Dict. des Sciences naturelles, t. 17, p. 173. Paris 1820.

(2) *Observations of on the structure and nature of Flustræ.* Edinbrgh, new Philosophical journal, vol. 3, p. 107.

dehors que par la bouche, ainsi que le pensaient M. Grant et les autres naturalistes, mais bien un tube s'ouvrant au dehors par ses deux extrémités et recourbé sur lui-même comme celui des Ascidies.

Ce fait, que nous avons communiqué à l'Académie des Sciences en septembre 1828 (1), nous parut devoir changer les idées généralement reçues sur les affinités naturelles de ces animaux avec les autres zoophytes, et acquérir encore plus d'intérêt par la découverte que nous fîmes en même temps, d'un mode d'organisation analogue chez d'autres animalcules marins rangés jusqu'alors parmi les Vorticelles ou les Hydres.

Jusqu'à l'époque dont je viens de parler, on n'avait classé les Polypes que d'après la considération de leur dépouille solide; et en effet ce que l'on savait de leur organisation intérieure devait paraître insuffisant pour servir de guide dans une distribution méthodique de ces petits êtres. Mais, profitant des observations que nous avions eu l'occasion de faire sur la structure de ces zoophytes, et de celles dont la science avait été enrichie par d'autres zoologistes, nous avons cherché à poser les bases anatomiques de cette classification naturelle et nous avons proposé de distribuer les animaux de la classe des Polypes en quatre groupes principaux.

L'une de ces familles comprenait les éponges et les autres corps d'une structure analogue qui semblent jouir d'un premier degré d'animalité sans présenter cependant aucune trace de Polypes proprement dits.

Une seconde division était formée par les Polypes, soit nus, soit à polypiers, dont la cavité digestive ne communique directement au dehors que par une seule ouverture et a la forme d'un cul-de-sac creusé dans la substance même du corps; c'est-à-dire par les Hydres, les Sertulaires, etc.

Une troisième famille se composait des Polypes dont le corps est creusé d'une grande cavité au milieu de laquelle est suspendu un tube alimentaire membraneux communiquant au dehors par

(1) Résumé des Recherches sur les animaux sans vertèbres faites aux îles Chausse y, par MM. Audouin et Milne Edwards. Annales des Sciences naturelles, t. 15.

une seule ouverture; les Alcyons à polypes, les Gorgones, les Pennatules et tous les Polypes actiniformes se rapportaient à ce type.

Enfin notre quatrième famille renfermait les Flustres et les autres Polypes dont le canal digestif communique au dehors par deux ouvertures distinctes et dont l'organisation se rapproche de celle des Ascidies composées.

Ce premier essai d'une classification naturelle des Polypes fondée sur l'organisation de ces animaux ne fut pas adopté par les zoologistes.

M. Cuvier, dans la seconde édition du règne animal, publiée en 1830, continua à distribuer ces zoophytes d'après la conformation générale de leur Polypier et rangea encore les Flustres entre les Sertulaires et les Corallines tandis que les Eschares dont la structure diffère à peine de celle de ces Flustres, se trouvaient relégués dans la tribu des Lithophytes à la suite des Coraux et des Madrépores. (1)

M. de Blainville adopta dans son article zoophyte du Dictionnaire des Sciences naturelles publié en 1830 et dans son Manuel d'actinologie publié en 1834, une marche qui me paraît préférable. En effet, il chercha les bases de sa classification dans la structure intime du Polypier plutôt que dans la forme générale de cette dépouille solide, ce qui est nécessairement plus en rapport avec le mode d'organisation des animaux eux-mêmes. Ce serait m'éloigner de mon sujet que de m'étendre davantage sur la méthode de ce naturaliste, et je me bornerai à rappeler qu'il a réuni dans deux familles de sa classe des Polypiaires tous les Polypiers composés de cellules polypifères et dépourvus d'une tige commune. Du reste M. de Blainville n'a pas cru nécessaire de s'arrêter aux faits que nous avions constatés touchant l'anatomie des Flustres et semble même douter

(1) En mentionnant en note les rapports que nous avions signalés entre les Flustres et les Ascidies, Cuvier semble penser que certains de ces polypiers sont habités par de véritables Ascidies et d'autres par des polypes hydriformes; il fonde cette dernière supposition sur des observations de MM. Quoy et Gaymard, et ajoute qu'il sera important de savoir quelles espèces appartiennent à l'une ou à l'autre de ces catégories. (Voyez Règne animal deuxième édition , t. 3. p. 303.)

encore de l'existence d'un anus distinct chez ces animaux, car il n'en parle que dans les termes suivans :

« Dans la classe des Polypiaires proprement dits (c'est-à-dire « les Millépores, les Flustres, les Eschares, les Sertulaires, etc.) « la disposition du canal intestinal est assez peu connue : s'il « fallait en juger d'après les Hydres, ce ne serait qu'un enfonce- « ment assez profond, occupant une grande partie de la lon- « gueur du corps et sans plis ou lamelles, et dont la surface est « tellement semblable à l'extérieure que l'une peut remplacer « l'autre par retournement comme l'a montré Tremblay; mais « il n'y a peut-être que ce genre qui offre cette particularité. Il « est même à remarquer que dans les Flustres, les Eschares et « les Cellaires, l'appareil digestif *paraît* être plus complexe que « dans les autres genres, en ce qu'on a remarqué une sorte d'es- « tomac distinct de l'intestin proprement dit qui se recourbe « en avant, et qui paraît même se terminer à l'extérieur par « un orifice anal; *du moins dans les Eschares on a pu le « croire.* (1) »

Le mode d'organisation que nous avions fait connaître dans les Flustres ne tarda cependant pas à être observé par M. Delle-Chiaje sur une autre espèce du même genre rapportée par cet anatomiste à la division des Cellépores et décrite dans le troisième volume de son ouvrage sur les animaux sans vertèbres de Naples. (2)

Dans ces derniers temps M. Ehrenberg, qui paraît ne pas avoir eu connaissance de ce que M. Audouin et moi avons publié sur la structure et la classification des Polypes, est arrivé à un résultat analogue. En effet il prend pour base de son système l'existence d'une seule ou de deux ouvertures au canal digestif des Polypes et divise de la sorte ces animaux en deux groupes principaux auxquels il donne les noms de Bryozoaires et d'Anthozoaires (3). Or, notre quatrième famille, celle qui a pour type

(1) Manuel d'Actinologie, p. 71. Paris 1834.

(2) Memorie su la storia e notomia degli animali senza vertebre del Regno di Napoli.

(3) *Beitrage zur physiologischen Kenntniss der Corallenthiere im allgemeinen und besonders des Rothen Meeres, nebst einen Versuche zur physiologischen systematik derselben.*

les Flustres, est évidemment la même division que la section des Bryozoaires de M. Ehrenberg. (1)

Tel était l'état de la science en ce qui concerne les Eschares lorsque, voulant poursuivre mes recherches sur les Polypes en général, je me suis rendu de nouveau sur les bords de la Méditerranée.

Pendant que je faisais ce voyage, un micrographe anglais, M. Lister, publia sur ces zoophytes un mémoire très intéressant dans lequel, sans avoir connaissance de notre travail antérieur sur les Flustres, il confirme pleinement les faits que nous avions constatés touchant l'existence d'une ouverture anale et l'analogie qui se remarque entre la structure de ces animaux et celle des Ascidies composées (2). M. Lister mentionne aussi un petit polype nu très voisin de l'un de ceux que nous avions dit ressembler par leur organisation aux Flustres, et il ajoute que d'après leur conformation intérieure les Anguinaires et les Tibianes doivent appartenir à la même famille; mais nous verrons par la suite que c'est à tort qu'il désigne sous ce dernier nom le Polype auquel se rapportent ses observations.

D'après les détails dans lesquels je suis entré en esquissant les progrès de l'histoire des Eschariens, on a pu voir que l'organisation des Flustres diffère beaucoup de celle des Sertulariens, des Alcyoniens et des Zoanthaires, et constitue un type distinct. Par analogie on est porté à croire que les autres Polypes dont la dépouille solide ressemble à celle des Flustres doivent présenter une structure semblable; mais on ne sait encore que peu de choses à cet égard et on ignore si parmi les Polypes dont la conformation extérieure est différente il existe des exemples d'une pareille organisation intérieure.

Les recherches dont je vais rendre compte dans les chapitres suivans rempliront une partie de ces lacunes, et me paraissent de nature à jeter quelques lumières sur la physiologie

(1) N'ayant pas assigné de nom particulier à cette division de la classe de Polypes nous adopterons celui employé par M. Ehrenberg.

(2) *Some observations on the structure and fonctions of Tubular and Cellular Polypi and of Ascidia.* Philosophical transactions, 1834, part. 2.

aussi bien que sur l'anatomie et l'histoire zoologique de ces animaux.

CHAPITRE II.

DES ESCHARES PROPREMENT DITS.

1° DES ESPÈCES RÉCENTES.

§ 1. *De l'Eschare cervicorne.* (1)

(Planche 1 et planche 2, figure 1.)

Lamarck, comme nous l'avons déjà dit, divisa les Eschares de Pallas en plusieurs genres et réserva à l'un de ses groupes le nom qui leur était d'abord commun à tous. Les zoologistes ont généralement adopté cette division, mais ne s'accordent pas sur les limites qu'il convient d'assigner au genre Eschare ainsi restreint, ni sur ses caractères essentiels. Avant que d'avoir étudié la valeur des particularités de structure offertes par ces polypes, la discussion de ces questions serait prématurée; nous ne nous y arrêterons donc pas pour le moment, et nous nous bornerons à rappeler que tous les auteurs les plus récents, quelle que soit leur opinion à cet égard, rangent dans la division générique des Eschares l'espèce dont nous allons nous occuper.

Ce zoophyte, dont Imperato a donné une figure sous le nom de *Porus cervinus*, est l'*Eschare cervicorne* des zoologistes modernes; il habite la Méditerranée et, en suivant la pêche des corailleurs devant le cap Falcon, à l'ouest d'Oran, je m'en suis procuré plusieurs échantillons à l'état vivant.

Ce polypier, comme on le sait, est tout-à-fait pierreux et formé de branches aplaties qui lui donnent quelque ressemblance

(1) *Synonymes :*

Poro cervino Imperati Historia naturale p. 630 (Venise 1572.)

— Bonanni Museum Kircherianum p. 286, fig. 13 (Rome 1709). Il serait bien possible que

avec le bois d'un cerf (1); il se trouve fixé par sa base aux rochers sous-marins, et n'offre dans nos collections qu'une teinte blanchâtre; mais à l'état frais il est de couleur rouge, tirant un peu sur l'orangé.

Une multitude de petites cellules disposées par séries longitudinales, alternes et réunies dos à dos sur deux plans, constituent ce polypier; leur forme est à-peu-près elliptique, et leur surface extérieure est toute couverte de petites granulations microscopiques. (2)

Lorsqu'on laisse bien en repos dans de l'eau de mer un fragment de cet Eschare vivant, et qu'on l'observe à la loupe, on ne tarde pas à voir sortir d'une ouverture située vers l'extrémité antérieure de chaque cellule, un faisceau de tentacules longs et déliés, qui d'abord droits, se recourbent bientôt en dehors,

cette figure, ainsi que celle d'Imperati ait été faite d'après un petit échantillon de l'Eschare à bandelettes, mais elle ressemble d'avantage à l'espèce à laquelle nous le rapportons.

Porus cervinus minor Marsigli Hisoire physique de la mer (1525), p. 63, pl. 6; fig. 23 et 24; le Polypier figuré ici a le port de l'Eschare cervicorne, mais dans la portion de branche grossie il semble y avoir beaucoup plus d'ouvertures qu'on n'en trouve dans cette espèce.

Millepora cervinus Ellis and Solander Natural history of many curious and uncommon Zoophytes (1786) p. 252.

Millepora corvicornis Pallas Elenchus Zoophytorum p. 252.

Eschara cervicornis Lamarck Hist. nat. des anim. sans vertèbres 1re édit t. 2. p. 176 et 2e édit. t. 2, p. 269.

— Lamouroux Encyclopédie métodique, Zoophytes, p. 374.

— De Blainville Diction. des Sciences naturelles t. 15, p. 297 et Manuel d'actinologie, p. 428.

D'autres espèces ont été souvent confondues avec celle-ci :

Le *Porus cervinus Imperati* de Marsigli (Hist. de la mer) est un Flustre.

Le Polypier que Bernard de Jussien rapporte au *Porus cervinus* (mem. de l'Acad. 1742, p. 299) est le Flustre foliacé.

Le *Porus cervinus* d'Ellis. (Essai sur les Corallines pl. 30, fig. *b*.) est l'Eschare à bandelettes.

M. Fleming a décrit aussi sous le nom de *Cellepora cervicornis* (British animals. p. 532) un Polypier qu'il a trouvé sur les côtes de l'Ecosse et qu'il considère comme identique avec le *Porus cervinus* d'Imprati, etc.; mais d'après l'inspection d'un échantillon qu'il a envoyé sous ce nom au Musée de York nous ne doutons pas que ce ne soit une espèce tout-à-fait distincte et même un véritable Cellepore plutôt qu'un Eschare.

Il est probable que le *Porus cervinus* figuré par Borlase (natural history of Cornwall. pl. 24, fig. 7) appartient à l'espèce de Cellepore dont il vient d'être question.

(1) Pl. 1, fig. 1.

(2) Pl. 1, fig. 1a, montrant ces cellules grossies, et fig. 1f, montrant la section transversale d'une branche formée par leur réunion sur deux plans.

vers le bout surtout, et représentent ainsi une espèce de cloche renversée. Leur nombre normal paraît être de 16, mais varie un peu; leur diamètre est sensiblement le même dans toute leur longueur, et lorsqu'ils sont étendus, ils présentent une apparence très singulière: on les croirait garnis de chaque côté d'une rangée de petites perles qui rouleraient sur elles-mêmes à la suite les unes des autres, depuis la base de l'appendice jusqu'à sa pointe, et de là à sa base, en montant d'un côté et en descendant de l'autre. Ce mouvement, qui a évidemment beaucoup d'analogie avec celui qui se voit chez un grand nombre d'animalcules infusoires et notamment chez les Rotifères, avait déjà été remarqué par M. Grant dans la *Flustra carbasea* et la *Flustra foliacea* (1); M. Audouin et moi l'avions également observé dans une autre espèce du même genre, et, comme nous le verrons par la suite, il paraît exister dans toute la famille des Eschariens, tandis que les Sertulariens et les Alcyoniens ne le présentent pas. Il était naturel de penser qu'il dépendait de l'existence d'une rangée de cils vibratiles très fins qui, en décrivant avec une rapidité extrême des cercles égaux, produiraient sur notre rétine l'impression d'autant de sphères en rotation; c'est en effet l'explication que l'on donne généralement des mouvemens vibratiles observés à la surface du corps d'un grand nombre d'animaux aquatiques; mais tous les naturalistes ne l'admettent pas, et M. Raspail, en la combattant, affirme que jamais on n'a vu ces prétendus cils à l'état de repos (1), et révoque en doute leur existence. Suivant lui, cette illusion d'optique serait produite par la différence qui existerait entre la densité de l'eau exhalée par l'animal et celle du liquide ambiant; un autre observateur l'attribue à la séparation de l'air dissous dans l'eau. (2)

Dans l'Eschare que nous étudions ici et dans les Flustres, de même que dans beaucoup d'autres Polypes dont nous parlerons par la suite, nous ne pouvons conserver aucun doute sur l'existence d'une frange marginale dont le jeu produit ce mouvement

(1) *Histoire naturelle de l'Alcyonelle fluviatile.* Mémoires de la Société d'Histoire naturelle de Paris, t. 4. p. 131 et 132.

(2) Voyez Recherches sur l'anatomie et la physiologie des Polypiers composés d'eau douce, par M. Dumortier. Bulletin de l'Académie royale des Sciences de Bruxelles, 1835. n. 12.

vibratoire, car nous avons eu maintes fois l'occasion de le voir en repos, et elle nous a paru alors composée de petits appendices filiformes rangés côte à côte. (1)

La couronne de tentacules dont je viens de parler, s'insère à l'extrémité d'une sorte de trompe, qui elle-même est renfermée dans une gaîne cylindrique et rétractile.

Les Polypes sur lesquels je faisais ces observations ayant bientôt cessé de s'étendre complètement, je n'ai pu distinguer à travers cette gaîne la position du tube alimentaire, ni celle de l'ouverture anale que, par analogie, je devais supposer y exister. J'eus par conséquent recours à la dissection pour continuer l'examen de ces petits êtres, et après avoir ouvert quelques cellules, je fis sortir les parties molles cachées dans l'intérieur de ces loges.

Je me suis assuré de la sorte que du pourtour de l'ouverture de la cellule naît une gaîne membraneuse de forme cylindrique qui égale en longueur les tentacules contractés, et les renferme lorsque l'animal se retire dans sa loge (2). Ces appendices, ainsi rentrés, ne sont pas recourbés sur eux-mêmes, comme cela se voit chez les Sertulaires, les Alcyons, etc., mais parfaitement droits, et réunis en un faisceau dont la longueur est cependant beaucoup moindre que celle de ces mêmes organes lorsqu'ils se déploient en forme de cloche.

Par l'extrémité opposée à celle fixée au pourtour de l'ouverture de la cellule, cette *gaîne tentaculaire* se continue avec un tube assez large dont les parois sont d'une mollesse et d'une délicatesse extrême (3). Vers ce point on voit aussi de chaque côté

(1) M. Dutrochet qui a fait il y a déjà plusieurs années des observations encore inédites sur ce phénomène chez divers Polypes d'eau douce, pense que l'espèce de frange que l'occasione ne se compose pas de filaments, mais d'une membrane continue et plissée dont les mouvemens seraient ondulatoires; or, comme une bordure plissée pourrait facilement offrir le même aspect qu'une rangée de cils serrés les uns contre les autres, il serait peut-être nécessaire de de soumettre ces appendices à de nouvelles observations avant que de se prononcer définitivement sur leur conformation; mais toujours est-il que le mouvement vibratoire en question résulte de l'action d'une bordure mobile et non de l'exhalation ou de l'absorption dont la surface des tentacules peut être le siège. Du reste, nous sommes persuadés que cette bordure est divisée en lanières ou cils.

(2) Pl. 1, fig. 1^d; *b* gaîne tentaculaire.

(3) Pl. 1, fig. 1^c et 1^d.

un faisceau de fibres qui se portent en bas et en dehors, pour aller s'insérer sur les parois latérales de la cellule (1). Ces fibres paraissent striées en travers, et sont évidemment de nature musculaire; leur usage n'est pas douteux: lorsque l'animal veut s'étendre, la gaîne membraneuse dont nous venons de parler se renverse en dehors comme un doigt de gant, en même temps que les tentacules s'avancent; les faisceaux musculaires se trouvent alors entre le tube alimentaire et la gaîne ainsi renversée, et en se contractant ils doivent faire rentrer le tout dans l'intérieur de la cellule. On pourra donc appeler ces faisceaux contractiles les *muscles rétracteurs de la gaîne tentaculaire*, et il ne sera pas inutile de leur donner un nom particulier, car bientôt nous aurons à parler d'autres faisceaux de même nature dont les usages sont différens, et dont il faudra par conséquent les distinguer.

La première portion du tube alimentaire est renflée et beaucoup plus large que le reste; elle forme une espèce de chambre dans laquelle l'eau, mise en mouvement par les cils vibratiles des tentacules, paraît circuler librement. Ses parois sont d'une texture très délicate; la membrane molle qui les forme est froncée et m'a paru creusée de plusieurs canaux longitudinaux réunis par de petits vaisseaux transverses; mais je n'oserais affirmer que cette disposition dont quelques autres Polypes de la même famille m'ont offert des exemples bien nets, existe réellement ici.

Au dessous de cette première cavité, le tube alimentaire se rétrécit, mais aussitôt se renfle de nouveau, et présente dans ce point un certain nombre d'appendices filiformes qui paraissent être libres et flotter dans l'intérieur de la cellule. A cette seconde cavité succède un conduit étroit qui débouche bientôt dans une troisième dilatation du canal alimentaire; celle-ci varie un peu dans sa forme, mais est ordinairement presque sphérique. Il en part une espèce d'intestin assez gros qui ne tarde pas à se recourber sur lui-même et à s'accoller à un organe de texture molle et membraneuse qui a la forme d'un cœcum, et qui paraît se continuer supérieurement avec le canal digestif. Celui-ci continue à se diriger vers la partie supérieure

(1) Pl. 1, fig. 1^{c}, *g*.

de la cellule, et va enfin se terminer par une ouverture anale distincte, à la face supérieure de la gaîne tentaculaire.

D'après la position de l'anus, on voit que cet orificee ne peut communiquer avec l'extérieur que lorsque le Polype s'étend hors de sa cellule, et que c'est la même ouverture de cette loge qui livre passage aux deux extrémités du tube alimentaire.

Cette ouverture commune, dont la forme comme nous le verrons bientôt, varie avec l'âge, est fermée par un *opercule* qui se termine par un bord semi-circulaire libre (1) et qui a déjà été signalé par M. de Blainville. Deux faisceaux musculaires, que nous nommerons les *muscles abaisseurs de l'opercule*, s'insèrent à la face interne de cette espèce de valvule, par l'intermédiaire de deux filamens analogues à des tendons. Par leur extrémité inférieure qui est très élargie, ils vont s'insérer aux parois de la cellule, et lorsque, par l'effet de son élasticité, l'opercule s'est renversée et a laissé béante l'entrée de la loge, ils la ramènent contre les bords de cette ouverture, comme une porte dans son chambranle.

Nous avons vu plus haut que l'extrémité supérieure de la gaîne tentaculaire s'insère au pourtour de l'ouverture commune de la cellule; il était intéressant d'examiner la nature de cette connexion, et d'étudier la structure de cette espèce de loge.

Les auteurs s'accordent généralement à admettre que la cellule de l'Eschare, comme les autres portions pierreuses des Polypiers, ne fait point partie de l'animal, mais est le produit d'une exsudation de matière calcaire qui se moule sur la surface de la membrane dont elle suinte, et constitue ainsi une espèce de croûte analogue à une coquille.

Lamarck pose en principe que tous les Polypiers se forment ainsi (2); M. Cuvier professa une opinion semblable et compara le développement de ces corps à celui de l'ivoire des dents (3); Lamouroux alla même plus loin, car il décrivit la manière dont les cellules sont produites : « Ces loges, dit-il, sont d'abord ta-

(1) Pl. 1, fig. 1e et 1i.

(2) Hist. des animaux sans vertèbres, t. 2. p. 69, etc.

(3) Règne animal deuxième édition, t. 3, p. 298.

pissées intérieurement par une membrane analogue au manteau des Mollusques qui se dessèche aussitôt que le Polype cesse de croître, et alors celui-ci n'adhère plus au bord de la cellule, mais y est fixé plus ou moins profondément au moyen d'une membrane particulière (1). Enfin, M. de Blainville, tout en adoptant des idées différentes sur le mode de formation des Polypiers lamelleux, dont les parties constituantes se déposeraient, suivant lui, dans les mailles du tissu du polype (2), admet l'opinion de Lamarck en ce qui concerne les Eschares. (3)

Les belles expériences de Cavolini sur les Gorgones prouvent en effet que dans certains cas, sinon toujours, la partie solide du Polypier, celle qui constitue l'espèce de squelette, soit intérieur, soit extérieur, destinée à protéger les parties molles des Polypes, est le produit d'une simple exsudation qui se fait à la surface des tissus vivans et non dans leur profondeur, et qui, en se solidifiant, se moule sur cette même surface, sans avoir dans sa structure rien d'organisé. La comparaison par laquelle M. Cuvier assimile le mode de production des Polypiers à celui de l'ivoire des dents, est par conséquent parfaitement juste pour certains Polypes; mais l'est-elle également pour tous les animaux de cette classe, et surtout pour les Eschares dont l'histoire nous occupe ici?

Si les cellules pierreuses des Eschares se formaient de la sorte par l'exsudation d'une matière calcaire qui se moulerait sur la surface de la membrane sécrétante, il est évident que la première couche formée ainsi devrait être la plus extérieure, et que l'addition de nouvelles quantités de cette matière terreuse ne pourrait qu'augmenter l'épaisseur des parois de la loge, et modifier la disposition de sa cavité intérieure, sans changer en rien la configuration extérieure de la lame primitivement formée; car ici la coque solide enveloppe l'animal en entier, et n'est pas

(1) Lamouroux article *cellule* de l'Encyclopédie méthodique; Dictionnaire des vers et Zoophytes, p. 185.

(2) Manuel d'actinologie, p. 320.

(3) Article polypier du Dictionnaire des Sciences naturelles, t. 42, p. 572. Dans son Manuel d'actinologie, M. de Blainville ne se prononce pas sur le mode de formation des Polypiers à cellules.

debordée par l'organe sécréteur, comme chez les Mollusques gastéropodes, dont la coquille change de forme avec l'âge, parce que le dépôt de matières nouvelles ayant lieu sur le bord de la portion déjà consolidée, l'allonge continuellement et peutse mouler sur des parties molles dont la configuration change.

Pour jeter quelque lumière sur le mode de formation et sur la nature des cellules de nos Eschares, il devenait par conséquent intéressant d'examiner ces loges à différens âges, et de voir si leur forme extérieure changeait ou demeurait toujours la même. Cette étude, indispensable pour l'histoire anatomique et physiologique de ces petits êtres, pouvait conduire aussi à des connaissances utiles pour la zoologie proprement dite et pour la géologie; car la détermination des espèces, tant récentes que fossiles, repose principalement sur les caractères fournis par ces cellules : et on ignore encore si elles peuvent ou non être modifiées par les progrès de l'âge.

Cet examen peut se faire plus facilement qu'on ne le croirait au premier abord; car il n'exige pas l'observation du même individu, à divers degrés de son développement, ni la collection d'une série d'échantillons choisis de manière à représenter toutes les phases par lesquelles ces petits êtres passent successivement. En effet, puisque ces Polypes naissent les uns des autres, et ne se séparent pas de leurs parens, chaque Polypier doit présenter une longue suite de générations enchaînées les unes aux autres, et dans chacune de ces séries, l'âge relatif des individus vivans doit être indiqué par le fait même de la place qu'ils occupent. Pour résoudre la question que nous nous étions posée, il suffirait par conséquent d'étudier comparativement les cellules situées vers la base du Polypier, dans sa partie moyenne, dans les jeunes branches, et à l'extrémité de celles-ci; car nous nous sommes assurés que ce n'est pas seulement dans ce dernier point que l'on trouve des Polypes vivans, comme l'avancent quelques auteurs, mais qu'il en existe dans presque toute l'étendue du Polypier.

En examinant de la sorte, avec un grossissement suffisant, les cellules de l'Eschare cervicorne, je ne tardai pas à me convaincre que le mode de développement de ces loges pierreuses n'est pas celui généralement admis.

En effet, j'ai vu que non seulement la conformation générale des cellules change avec l'âge, mais aussi que ces changemens s'opèrent en grande partie dans la surface extérieure, c'est-à-dire dans la portion de leurs parois, qui, dans l'hypothèse de leur formation par couches superposées, devrait exister dès le principe, et, une fois consolidée, ne plus changer, à moins que ce ne soit par l'effet de frottemens accidentels.

Dans les jeunes cellules dont les parois, quoique minces, ont cependant déjà acquis une consistance tout-à-fait pierreuse, la surface extérieure est très bombée, de façon que ces loges sont bien distinctes entre elles, et les bords de leur ouverture sont aussi fort saillans; (1) mais par les progrès de l'âge, leur aspect change : leur surface libre s'élève de manière à dépasser le niveau des bords de cette ouverture, et à effacer les dépressions profondes qui marquaient leurs limites respectives. Il en résulte que les cellules cessent d'être distinctes et même reconnaissables au-dehors, et que le Polypier semble être formé d'une masse pierreuse, parfaitement continue dans la substance de laquelle seraient creusés des trous légèrement évasés, et disposés en quinconce. (2)

Or, des différences de cette nature ne pourraient se produire par la simple juxta-position de nouvelles couches calcaires, au-dessous de celles primitivement formées; car les parties molles de l'animal, les seules qui pourraient être le siège d'une sécrétion de cette matière calcaire, ne s'étendent pas sur la surface qui se modifie de la sorte, et la position des cellules ainsi immergées dans la masse en apparence commune du Polypier, est souvent telle qu'on ne peut attribuer leur changement de forme à une usure déterminée par le frottement des corps étrangers.

Il nous paraît évident que ces faits indiquent, au contraire, la présence de la vie dans la substance dont se composent les pa-

(1) Pl. 1, fig. 1a.
(2) Pl. 1, fig. 1 g.

rois mêmes de ces cellules, et ne peuvent s'expliquer que par l'existence d'un mouvement nutritif, semblable à celui qui amène dans la configuration de nos os des modifications analogues.

Afin de mieux connaître la nature de ces cellules, j'ai soumis à l'action de l'acide nitrique étendu d'eau, un fragment du Polypier récemment retiré de la mer. Une vive effervescence se manifesta aussitôt, et au bout de quelques instans les cellules, devenues flexibles, se laissèrent séparer entre elles. Avant de les attaquer ainsi, on ne voyait sur la paroi interne de ces loges aucune membrane distincte; et lorsque l'acide nitrique eut détruit tout le carbonate calcaire dont dépendait leur rigidité, ces mêmes parois existaient encore et n'avaient pas beaucoup changé de forme : seulement elles n'étaient plus formées que par une membrane molle et épaisse, qui constituait un sac dans l'intérieur duquel on apercevait l'appareil digestif du Polype (1). L'ouverture de ce sac n'était plus découpée comme elle le paraissait, quand le tissu de la membrane tégumentaire était épaissi par le dépôt pierreux dont on venait de le débarrasser, et cette membrane se continuait sans interruption avec la gaîne tentaculaire.

On voit donc que chez les Eschares, la cellule dans laquelle on dit que le Polype se retire comme dans une coquille, est une partie intégrante de l'animal lui-même, dans laquelle il se cache comme le Hérisson rentre en quelque sorte dans la peau épineuse de son dos. Ce n'est pas une croûte calcaire qui se moulerait sur la surface de son corps, mais une portion de la membrane tégumentaire générale, de la peau du Polype, qui par un dépôt moléculaire de matières terreuses dans les mailles de son tissu, s'ossifie comme les cartilages des animaux supérieurs s'ossifient sans cesser d'être le siége d'un mouvement nutritif.

On voit aussi que ce que l'on désigne généralement comme étant le corps de ces Polypes, n'en constitue dans la réalité qu'une petite portion, et ne consiste guère que dans l'appareil digestif, et probablement respiratoire, de ces petits animaux.

(1) Pl. 1, fig. 1 b.

Le sac tégumentaire, débarrassé de son carbonate de chaux, m'a semblé formé d'une membrane tomenteuse, recouverte en dehors surtout, d'une multitude de filamens cylindriques, disposés perpendiculairement à la surface, et serrés les uns contre les autres. C'est dans les interstices laissés entre ces fibres, que le dépôt calcaire paraît s'opérer en majeure partie; car si l'on examine au microscope une coupe transversale du Polypier dans son état naturel, on y distingue encore une conformation analogue : la paroi externe des cellules n'est pas composée de couches superposées, mais bien de cylindres ou de prismes irréguliers, rangés perpendiculairement à sa surface. (1)

Quant à l'opercule qui sert à fermer l'entrée de la cellule tégumentaire de l'Eschare, lorsque l'animal s'y est caché en entier, ce n'est autre chose qu'un repli labial de ce qu'on pourrait appeler la peau du Polype, repli saillant dont la portion marginale acquiert une consistance cornée, tandis que dans le point où il se continue avec la portion de l'enveloppe générale, en quelque sorte ossifiée, il conserve assez de mollesse pour demeurer flexible et obéir à l'action des muscles, dont les tendons s'insèrent dans son épaisseur.

Les changemens que nous avons indiqués plus haut dans la conformation extérieure des cellules de nos Eschares ne sont pas les seuls amenés par les progrès de l'âge dans les tégumens pierreux de ces petits zoophytes. La forme de leur ouverture se modifie considérablement, comme on peut le voir par les figures dont ce Mémoire est accompagné (2); l'espèce d'échancrure située au-dessous de l'opercule, et occupée par une membrane, disparaît peu-à-peu, et leur cavité intérieure se remplit au point de n'occuper plus qu'environ le quart de leur diamètre. Cet épaississement change même un peu la forme générale du Polypier; car il est plus considérable dans les cellules situées le plus loin des bords des branches, d'où il résulte que celles-ci, d'abord tout-à-fait aplaties, deviennent de plus en plus cylindriques. Enfin, ce n'est pas sans surprise que nous avons vu ces mêmes cellules,

(1) Pl. 1, fig. 1 *f*.

(1) Pl. 1, fig. 1 *a*, 1 *i*, 1 *j*, 1 *k*, 1 *l* et 1 5.

lorsqu'elles sont arrivées à une vieillesse extrême, perdre l'ouverture par laquelle le Polype faisait saillir ses tentacules et se fermer complètement. En effet, les bords de cette ouverture, se renflant de plus en plus, viennent enfin à se toucher et à se souder de manière à ne plus laisser de trace de son existence, et à clore complètement la petite cavité intérieure qui se retrouvre encore vers l'axe du Polypier. (1)

Ainsi donc, le dernier indice extérieur de l'existence individuelle de ces Polypes agrégés, finit par disparaître avant que la vie ne se soit éteinte dans leur intérieur, et le caractère le plus remarquable du Polypier se perd saus retour.

Pour peu que l'on réfléchisse sur le fait que nous venons de signaler, on est naturellement conduit à se demander comment a nutrition nécessaire à l'entretien du travail sécrétoire dont dépendent les progrès de l'ossification, peut se continuer lorsque la cellule renfermant l'appareil digestif de l'animal se bouche de la sorte. Est-ce de ses voisins qu'il reçoit les matières récrémentitielles, oubien peut-il continuer à les absorber directement du dehors à travers ces tégumens pierreux? La nature de cette coque solide semble au premier abord devoir opposer de grands obstacles à l'imbibition, surtout à celle qui aurait lieu par la surface libre du polypier; mais une expérience qui est, pour ainsi dire, la contre-partie de celle dont il a été question ci-dessus, montre qu'il en est autrement.

En faisant bouillir un fragment de la dépouille solide de notre Eschare dans une dissolution de potasse caustique, j'en ai extrait la majeure partie des substances dont se compose la portion organisée de son tissu, et j'ai vu alors l'aspect du polypier changer considérablement. La paroi extérieure des cellules était devenue d'une texture presque spongieuse, et sa surface, au lieu d'être simplement granuleuse, présentait un grand nombre de pores bien distincts, lesquels étaient auparavant cachés par les parties molles dont ils étaient remplis. (2)

On comprend donc que le tissu organisé des vieux Polypes

(1) Pl. 2, fig. 1.
(2) Pl. 1, fig. 1 ^{h}.

se trouvant à nu dans divers points de la surface extérieure des cellules, l'absorption peut continuer à s'effectuer directement du dehors, lors même que l'ouverture par laquelle les matières alimentaires pénètrent d'ordinaire dans la cavité digestive se trouve obstruée.

Du reste, l'étude du mode de développement de plusieurs autres Polypes nous fournira de nouvelles preuves de la persistance de la vie chez ces animaux agrégés lorsque l'appareil digestif est bouché ou même atrophié.

En résumant les faits anatomiques exposés ci-dessus, on voit que chacun de nos Polypes se compose d'une membrane tégumentaire en forme de sac, dont la majeure partie s'ossifie pour constituer une espèce de cellule, et dont la portion supérieure, restée molle, se reploie en dedans comme une gaîne pour les tentacules, ou se renverse en dehors comme la trompe d'une Annélide, suivant que l'animal se contracte ou s'étend. A l'extrémité de cette dernière portion de l'enveloppe extérieure se trouvent les tentacules, la bouche et l'anus; le tube alimentaire recourbé sur lui-même et ouvert par ses deux extrémités, y est appendu, et les muscles destinés à le mettre en mouvement y sont fixés. (1) D'autres muscles s'insèrent au repli de la membrane tégumentaire qui constitue l'opercule, et à l'extrémité de l'anse intestinale se trouve un organe spongieux dont le volume varie beaucoup, et dont les usages ne nous sont pas connus, mais se rapportent probablement à la reproduction.

Il n'existe donc rien de rayonné dans la conformation de ces animaux, si ce n'est dans la couronne tentaculaire dont leur bouche est entourée; la majeure partie de leurs organes sont au contraire disposés symétriquement des deux côtés de la ligne médiane, et leur mode d'organisation montre évidemment une grande analogie avec celui propre aux Ascidies composées.

Quant au polypier, il est formé tout entier par l'assemblage et la soudure intime de la portion tégumentaire solide des divers Polypes qui le constituent et il ne paraît présenter aucune partie

(1) Voyez la coupe théorique, pl. 2, fig. 1 a.

réellement commune à toute cette suite de générations agrégées : chaque cellule formée par l'enveloppe dermoïde de ces Polypes est complète, et si on a cru que ces cavités n'étaient séparées entre elles que par une cloison simple et commune, c'est qu'on n'avait pas cherché à les séparer par les moyens convenables.

D'après les faits que nous venons d'exposer, on doit aussi se refuser à admettre que ce Polypier croît par le développement de Polypes nouveaux sur une espèce de lame commune et génératrice, ainsi que le suppose un naturaliste célèbre (3). Les choses doivent se passer ici comme dans les Caténicelles observés par Spallanzani, et dans les Flustres étudiés par M. Grant, c'est-à-dire que le sommet de l'enveloppe tégumentaire de chaque Polype doit donner naissance à un bourgeon qui, en se développant, constituera un Polype nouveau, lequel restera adhérent à sa mère, et se soudera aussi à ses voisins.

§ 2. *De l'Eschare grèle.* (1)

(Planche 2, figure 2.)

De tous les Polypiers que j'ai eu l'occasion d'examiner, l'espèce qui, par son aspect général, se rapproche le plus de l'Eschare cervicorne, est celle désignée par Lamarck sous le nom d'*Eschare grèle*; elle en a le port, et, examinée à l'œil nu, ne paraît en différer que par ses branches plus arrondies (2), mais vue au microscope, elle s'en éloigne davantage, car les cellules tégumentaires sont d'une autre forme. Ces loges sont à peine bombées et peu distinctes entre elles, même dans les branches

(1) *Eschara gracilis* Lamarck Hist. des animaux sans vertèbres, t. 2, p. 176, et 2e édit., t. 2, p. 268. n. 6.

Lamouroux, Encyclopédie méthodique, Dict. des Zooph. p. 375.

Blainville, Manuel d'actinologie, p. 428.

C'est à tort que Lamarck rapporte à cette espèce le *Millepora tenella* figurée par Esper (Pflanzinthiere. Millep. tab. xx; ce Polypier n'appartient pas même au genre Eschare.

Le *Cellepora ligulata* d'Esper (Op. cit. Cellep. pl. 8) me paraît avoir beaucoup d'analogie avec l'Eschare grèle ; mais la figure que cet auteur en a donnée est trop grossière pour qu'il soit possible d'avoir à ce sujet une opinion bien arrêtée.

(2) Pl. 2, fig. 2.

les plus jeunes. Leur ouverture est aussi moins saillante que chez l'Eschare cervicorne, et au lieu d'avoir la forme d'un ellipsoïde étranglé vers le milieu, elle est toujours circulaire (3). Il est également à noter que la forme générale de l'enveloppe solide de ces polypes n'est pas tout-à-fait la même que dans l'espèce précédente; les cellules sont plus courtes et plus larges, aussi l'espace qui sépare l'ouverture de deux de ces loges, placées l'une au-dessus de l'autre, est-il, en général, moindre que l'espace compris entre deux ouvertures placées sur une même ligne transversale, tandis que, dans l'Eschare cervicorne, la première de ces mesures l'emporte ordinairement de moitié sur la seconde. Mais ce qui distingue surtout l'Eschare grèle de l'espèce précédente, c'est l'existence d'une seconde ouverture occupant la ligne médiane de la paroi antérieure de chaque cellule et située à peu de distance au-dessous de celle que traversent les tentacules des Polypes. On peut comparer cette ouverture accessoire à l'échancrure qui, chez l'Eschare cervicorne, occupe la moitié inférieure de l'ouverture principale au-dessous de l'opercule, et paraît remplie par une membrane; mais leur position et leur conformation sont cependant très différentes.

Une particularité semblable avait déjà, depuis long-temps, été signalée par Moll dans quelques autres espèces réunies par cet auteur sous le même nom générique, et M. de Blainville a pensé que cette ouverture accessoire pourrait bien correspondre à un anus. Mais nous ne pouvons partager cette opinion, car nous verrons par la suite que le nombre de ces ouvertures accessoires est quelquefois plus considérable, ce qui s'accorderait mal avec les usages que cet auteur leur suppose; et du reste chez l'Eschare cervicorne comme chez tous les autres Polypes d'une organisation analogue dont nous avons pu faire l'anatomie, l'intestin se termine sur le côté de la gaîne tentaculaire opposé à celui qui avoisine le trou en question.

Il nous paraît bien plus probable que cette ouverture accessoire se rattache à la fonction de la respiration. Des Polypes appartenant au même type d'organisation que les Eschares mon-

(3) Pl. 2, fig. 2ª.

trent souvent dans leur cavité viscérale, c'est-à-dire entre leur tube alimentaire et leur enveloppe cutanée, un liquide aqueux en mouvement. Dans le Zoophyte que nous étudions, cette cavité paraît devoir communiquer directement avec le dehors par l'ouverture en question et, par conséquent, il est à présumer que l'eau ambiante doit y pénétrer assez librement, et, en baignant les parties molles du Polype, servir à sa respiration, de même que l'eau dont se remplissent les canaux aquifères de divers mollusques et zoophytes doit concourir à opérer l'oxigénation du suc nourricier de ces animaux.

L'Eschare grêle m'a offert aussi de nouvelles preuves des modifications que l'âge peut apporter dans la conformation des tégumens osseux de ces petits animaux. En effet l'ouverture accessoire sous-labiale qui est assez grande et bien apparente dans les jeunes branches, devient très difficile à distinguer et quelquefois semble même disparaître complètement dans les parties les plus vieilles du Polypier.

En examinant cet Eschare j'ai été frappé par un autre fait qui ne me paraît pas sans importance : c'est l'existence d'un certain nombre de jeunes cellules semblables en tout à celles dont elles étaient environnées, si ce n'est qu'elles étaient fermées de toutes parts.

On sait que chez les Flustres, le bourgeon qui doit former un nouveau Polype a d'abord la forme d'un sac tout-à-fait clos, et que c'est lorsque la portion viscérale de l'animal et les tentacules sont déjà visibles dans son intérieur, que l'ouverture destinée à livrer passage à ces appendices se forme dans la paroi antérieure de cette enveloppe. Il en est probablement de même ici, et d'après la position des cellules fermées, qui se trouvent près de l'extrémité des branches, en apparence les plus jeunes, je suis porté à croire que ces loges anomales sont des Polypes dont le développement a été ralenti ou arrêté. Mais s'il en est ainsi, il faudrait admettre que cet arrêt de développement n'a pas empêché ces animaux incomplets de produire chacun un bourgeon reproducteur, et de donner ainsi naissance à de nouveaux individus plus parfaits qu'eux ; car dans plusieurs points j'ai trouvé une de ces cellules sans ouverture, suivie de plusieurs autres ayant la forme normale et appartenant à la même série linéaire que la première.

N'ayant observé que le Polypier desséché, je n'ose émettre une opinion arrêtée sur ce point; mais si les choses se sont réellement passées comme je le présume, ce serait un fait bien curieux pour la physiologie, que de voir un Polype en quelque sorte embryonnaire, ou une espèce de monstre, donner naissance à des individus d'une structure normale, et transmettre à sa progéniture la configuration propre à sa race, mais dont lui-même était privé.

L'échantillon que j'ai étudié est un de ceux qui ont été étiquetés de la main de Lamarck, et qui sont conservés dans les collections du Muséum; j'en dois la communication à l'obligeance de M. Valenciennes.

On ignore la patrie de cet Eschare.

§ 3. *De l'Eschare Lichénoide.* (1)

(Planche 2, figure 3.)

Le Polypier découvert par Péron et Lesueur, et décrit par Lamarck sous le nom d'*Eschare lichénoide*, est subarborescent comme les deux espèces précédentes, et ne s'en distingue au premier abord que par des caractères peu importans, tels que la forme plus aplatie et plus grèle de ses branches, et les fréquentes anastomoses résultant de leur soudure (2). Mais ici encore la loupe fait apercevoir d'autres particularités, parmi lesquelles la plus saillante est la petitesse des animaux dont l'agrégation constitue ces expansioins rameuses.

Les cellules de l'Eschare lichénoïde n'ont, en effet, qu'envi-

(1) *Eschora lichinoides* Lamarck Hist. des Animaux sans Vertèbres, t. 2, p. 176, et 2e édi. t. 2, p. 268.
— Lamouroux, Encyclopédie méthodique. Zoophytes, p. 375.
— Cuvier, Règne animal, 2e édit. t. 3, p. 316.
— De Blainville, Manuel d'Actinologie. p. 428.
Le Polypier figure par Seba (Thes. t. 3. tab. 100. fig. 10) n'appartient pas à cette espèce, comme le pensait Lamarck, mais est probablement le Flustre bombycycine.

(2) Pl. 2, fig. 3^a^ *a*.

ron la moitié de la dimension de celles de l'Eschare cervicorne et de l'Eschare grêle. Mais quelle valeur pouvons-nous attacher à des différences de cette nature, qui tantôt sont employées par les zoologistes comme caractères spécifiques, et d'autrefois sont considérées comme dépendant seulement des circonstances dans lesquelles s'est fait le développement des individus qui les présentent.

Chez les animaux dont la croissance est lente, et dont les formes ne varient pas assez avec l'âge pour indiquer la période de la vie à laquelle ils sont parvenus, la considération du volume du corps ne fournit d'ordinaire que des caractères peu sûrs pour la distinction des espèces: mais lorsqu'on est certain de pouvoir reconnaître les individus adultes de ceux dont la croissance n'est pas terminée, on peut souvent y avoir recours avec confiance, car jusqu'ici on n'a pas remarqué que la taille des animaux inférieurs soit notablement modifiée par l'influence des circonstances extérieures, au milieu desquelles leur développement s'effectue.

Ainsi, pour la plupart des Crustacés, ce caractère serait mauvais; mais pour les Insectes il peut être très utile; et sous ce rapport, les Eschares et la plupart des Polypes agrégés me paraissent ressembler aux Insectes; car le développement de ces zoophytes est si rapide, qu'on n'en surprend que bien peu dont la croissance ne soit pas achevée; et du reste ceux qui occupent le bord extrême du Polypier sont les seuls qui puissent être dans ce cas, et tous les autres, d'après leur position même, ont dû nécessairement avoir déjà reproduit par bourgeons de nouveaux individus, et sont évidemment adultes.

Si l'Eschare lichénoïde ne se distinguait de l'eschare cervicorne que par la différence que nous venons de signaler dans la grandeur des cellules, nous n'hésiterions donc pas à le considérer comme étant une espèce particulière, tandis que des variations de taille dans l'ensemble du polypier ne nous paraissent avoir aucune importance, car elles ne dépendent que du nombre d'individus réunis en une seule masse.

Du reste, l'Eschare lichénoïde diffère aussi des espèces précédentes par d'autres caractères tirés également de la conformation individuelle des polypes. L'ouverture des cellules est ovalaire transversalement, et son bord inférieur est souvent un peu avancé vers le milieu (1). Dans les jeunes branches, ces loges sont, en général, bien nettement séparées par un sillon et sont d'une forme hexagonale; leur surface externe, assez lisse, s'élève graduellement comme un cône surbaissé et forme, à quelque distance en arrière de l'ouverture principale, une pointe médiane qui ne tarde pas à se perforer et à se transformer en un trou accessoire analogue à celui que nous avons déjà signalé dans l'eschare grêle (2). Par les progrès de l'âge, la partie antérieure de la cellule se renfle et devient ovoïde, tandis que postérieurement ses limites cessent d'être distinctes (3). Enfin, on voit se développer, sur le côté de chaque cellule, près de l'ouverture principale, un tubercule dont le sommet arrondi est occupé par une substance d'apparence cornée (4); en général, les cellules ne portent qu'un seul de ces appendices, mais quelquefois on en trouve deux situés, l'un à droite, l'autre à gauche de l'ouverture (5); quelquefois aussi on en voit se former dans d'autres parties de l'enveloppe solide de ces polypes. Du reste, ces tubercules ne conservent pas la forme que nous venons d'indiquer; en grossissant, ils s'allongent obliquement et deviennent à-peu-près pyriformes; le point, d'apparence cornée, qui en occupait le sommet, s'allonge de la même manière et constitue une espèce de lanière plus ou moins triangulaire qui s'entend sur la face externe de ces prolongemens calcaires depuis leur base jusqu'à leur pointe (6). Enfin, on voit ces mêmes appendices, lorsqu'ils ont acquis encore plus de longueur, constituer une espèce de dent pointue et oblongue qui s'avance comme une épine au-

(1) Pl. 2, fig. 3^a ; *b*.
(2) Pl. 2, fig. 3^a ; *b*.
(3) Pl. 2, fig. 3^b et 3^e.
(4) Pl. 2, fig. 3^c, *b'*.
(5) Pl. 2, fig. 3^e ; *d*.
(6) Pl. 2, fig. 3^e — *b'* et *b''*.

dessus de la cellule voisine (1), et qui ressemble alors beaucoup à ce que Moll a figuré chez quelques autres Eschariens. (2)

Le développement de ces appendices, sur la surface d'une lame de consistance pierreuse, comme celle dont se composent les parois des cellules de notre Polypier, est une nouvelle preuve à l'appui de ce que nous avons déjà dit touchant la nature de ces cellules, car on ne peut l'expliquer qu'en admettant que les parois de ces cellules sont des parties vivantes et non un simple dépôt de matière inerte.

Dans l'échantillon desséché soumis à notre examen, nous n'avons pas pu suivre davantage les changemens qui surviennent dans ces appendices pendant leur croissance, et nous n'avons rien vu qui nous ait éclairé sur leur nature et leur usage; mais en observant une autre espèce d'Eschare dont il sera bientôt question, nous avons été plus heureux.

§ 4. *De l'Eschare foliacé.* (3)

(Planche 3, figure 1.)

Le Polypier auquel les naturalistes ont donné les noms d'Eschare foliacé, d'Eschare bouffant, de Cellépore lamelleuse, etc., diffère beaucoup des espèces précédentes par son port, mais y

(1) Pl. 2, fig. 3_c; *b''*.

(2) Voyez l'*Eschara vulgaris* et l'*Eschara radiata* de Moll. op. cit. pl. 3, fig. 10, et pl. 4, fig. 17.

(3) *Eschara foliacea, millepora, lapidea*, etc. Ellis. Essai sur l'histoire des Corallines, p. 86, pl. 30, n. 3, fig. *a*, A. B. C.

Eschara foliacea Borlase, Natural history of Cornwall, pl. 24, fig. 6.

Cellepora lamellosa Esper. Planzenthiere, t. 1. p. 254. Cellep. tab. VI.

Eschara foliacea Lamarck. Hist. nat. des anim. sans vert., t. 2, p., et 2e éd., t. 2, p. 266.

— Lamouroux. Exposit. méthod. des Polypiers, p. 40; Encyclop. méthod., Zooph., p. 374.

— Schweigger Handbuch der naturgeschichte, p. 431.

— Cuvier. Règne animal, t. 3, p. 316.

— Blainville. Dict. des Sc. nat., t. 15, p. 396, et Man. d'actinologie, p. 428.

Eschara retiformis Fleming British animals, p. 531.

L'*Eschara fascialis* var. B. de Pallas (Elen. p. 44) et de Moll. (op. cit., p. 33, pl. 1, fig. 2), me paraît se rapporter plutôt à l'espèce suivante qu'à celle-ci; mais du reste elles ont été toujours confondues.

ressemble[1] extrêmement par la conformation individuelle des animaux dont la réunion le constitue.

La disposition de l'ensemble de ce Polypier est bien connue et nous n'avons rien à ajouter à ce qui en a été dit par Ellis, Pallas, Moll, Lamouroux et les autres naturalistes qui nous ont précédé dans l'étude des Zoophytes. Le double plan de cellules agrégées commun à tous les Eschares, forme ici de larges expansions lamelleuses qui s'élèvent, comme on le sait, d'une manière irrégulière et venant à se rencontrer se soudent entre elles et constituent une masse caverneuse et légère. (2)

Le mode de croissance de l'Eschare foliacé est, comme on le voit, très différent de ce qui existe chez l'Eschare cervicorne et les autres espèces simplement rameuses, dont chaque branche conserve partout à-peu-près la même largeur et ne s'accroît qu'en longueur, tandis qu'ici les lames celluleuses s'étendent latéralement autant qu'en avant.

Cette différence paraît tenir à ce que dans l'Eschare cervicorne et les autres espèces dont le port est analogue, chaque Polype ne produit à son extrémité antérieure qu'un seul bourgeon, à moins que ce ne soit dans le point où se forme une nouvelle branche, et alors plusieurs de ces animaux placés près les uns des autres donnent chacun naissance à deux jeunes d'où résulte un changement si brusque dans la direction des séries longitudinales que celles-ci ne tardent pas à se séparer et à déterminer ainsi une bifurcation dans la masse commune. Chez l'Eschare foliacé, au contraire, on voit très souvent une cellule porter à son extrémité antérieure deux cellules plus jeunes et il en résulte une divergence sans cesse renaissante dans la direction des séries longitudinales formées par ces Polypes agrégés et une tendance à l'extension du Polypier dans le sens latéral aussi bien que dans le sens longitudinal.

La disposition générale du Polypier peut donc être considérée ici comme étant indicative de la tendance unipare ou geminipare des Polypes dont il se compose, et doit par conséquent acquérir aux yeux du naturaliste plus d'importance que ne peuvent en

(1) Pl. 3, fig. 1.

avoir une multitude d'autres variations de formes qui ne paraissent liées à aucune des grandes fonctions de l'économie.

La conformation individuelle de ces Polypes agrégés paraît être essentiellement la même que celle des espèces précédentes; mais on remarque néanmoins dans leur dépouille solide des particularités caractéristiques. La comparaison des cellules de divers âges nous fournira aussi de nouveaux exemples des changemens qui s'opèrent successivement dans la forme extérieure de ces loges de consistance pierreuse.

La forme générale de ces cellules est d'abord à-peu-près ovoïde, mais par les progrès de l'âge elle se rapproche peu-à-peu de celle d'un ovoïde ou d'un lozange dont les angles seraient tronqués (1). Leur ouverture est située beaucoup plus près de leur extrémité antérieure que dans toutes les espèces précédentes; le bord antérieur de cet orifice finit même par se confondre entièrement avec la base de la cellule suivante. Son pourtour n'est jamais saillant, comme chez l'Eschare cervicorne et semble s'enfoncer de plus en plus à mesure que l'animal vieillit, changement qui dépend de l'épaississement de la partie voisine de la paroi de la cellule. Excepté dans la vieillesse extrême sa forme est celle d'une ellipse tronquée postérieurement; on n'y voit pas d'échancrure labiale, et il existe d'ordinaire sur son bord postérieur qui est droit un petit tubercule souvent perforé à son sommet. Enfin dans la dernière période de la vie cette ouverture devient circulaire, se rétrécit de plus en plus, se change quelquefois en une simple fente et finit par s'oblitérer complètement (2). La surface externe des cellules présente aussi des changemens remarquables : elle est d'abord peu bombée et incomplètement ossifiée : le dépôt de matière calcaire se fait principalement dans la ligne de soudure des cellules entre elles et rayonne en quelque sorte de cette espèce de cadre vers le centre où il laisse un grand nombre d'espaces membraneux qui ressemblent à des pores(3); par les progrès de l'âge l'ossification devient complète

(1) Pl. 3, fig. 1ᵃ, 1 et 1ᶜ.
(2) Pl. 3, fig. 1 *a, a*.
(3) Pl. 3, fig. 1ᵃ.

vers la circonférence de la cellule, et fait disparaître peu-à-peu l'espèce de bordure qui s'y voyait dans le principe (1); enfin la paroi antérieure de la cellule se boursoufle en quelque sorte et finit par constituer une masse poreuse, épaisse qui déborde de toutes ports le niveau primitif de l'ouverture et donne ainsi à l'ensemble du Polypier un aspect tout-à-fait différent de celui qu'il avait dans le jeune âge. (2)

J'ai trouvé sur la côte d'Alger un petit Polypier qui me paraît être une simple variété de l'Eschare foliacé, mais qui diffère cependant notablement des échantillons de cette dernière espèce trouvés sur notre littoral. Sa forme générale était celle d'une lame arrondie sur les bord et fixée sur des tiges de fucus (3), disposition qui ne doit pas s'éloigner de celle des Eschares foliacés lorsqu'une nouvelle colonie de ces petits zoophytes agrégés commence à se développer. La forme individuelle des cellules était aussi la même que dans le Polypier dont nous venons de donner la description (4); mais les parois de ces loges, même des plus jeunes, étaient d'un tissu bien plus compacte et plus pierreux. Cette différence était même si grande que j'aurais été porté à considérer cet Eschare d'Alger comme une espèce distincte, si je n'avais pensé qu'elle pourrait bien dépendre seulement de l'influence du climat. En effet c'est dans les mers des pays chauds qu'on trouve presque tous les Polypiers pierreux; dans les parages plus septentrionaux, tels que les bords de la Manche, ils ne contiennent que fort peu de carbonate de chaux et dans la plupart des espèces du Nord que j'ai eu l'occasion d'examiner les parties ordinairement calcaires étaient presque membraneuses. A la vérité cette comparaison, ne portant que sur des espèces différentes entre elles, ne prouve pas que l'abondance plus ou moins grandes du dépôt moléculaire de carbonate de chaux dans le tissu de ces animaux soit réellement dépendante de la température et des autres circonstances extérieures sous l'influence desquelles ces êtres ont vécu; mais la généralité de cette

(1) Pl. 3, fig. 1[b].
(2) Pl. 3, fig. 1[c].
(3) Pl. 3, fig. 1[d].
(4) Pl. 3, fig. 1[c].

coïncidence doit nécessairement nous porter à y voir des rapports de cause et d'effets. Si les observations ultérieures montrent qu'effectivement l'élévation de la température tend à activer la sécrétion de matière calcaire dans l'intérieur de ces Zoophytes, ou ne s'étonnera plus de l'abondance extrême des Polypiers pierreux même à des latitudes très élevées, dans des couches de l'écorce du globe dont la formation remonte à une époque à laquelle la chaleur terrestre était plus considérable que de nos jours.

L'Eschare foliacé habite comme on le sait nos mers et s'y trouve à des profondeurs assez grandes.

§ 5. *De l'Eschare bidenté.* (1)

(Planche 3, fig. 2 et 2a.)

Parmi les Polypiers du Muséum du Jardin du Roi réunis par Lamarck sous le nom d'Eschare foliacé, j'en ai trouvé un qui ne diffère pas de l'espèce précédente par son aspect et sa conformation générale, mais qui s'en distingue par la forme de l'ouverture des cellules et qui m'a paru devoir être considéré comme une espèce particulière. Dans les vieilles cellules cette ouverture a la forme d'un ovale tronqué inférieurement et ne présente rien de remarquable, (2) mais dans celles d'un âge moins avancé on voit de chaque côté une dent qui s'avance plus ou moins au devant de cet orifice et lui donne l'aspect d'un trèfle. (3) Ce polypier m'a présenté aussi des traces bien distinctes de l'existence de ces vésicules gemmifères qu'on avait déjà observées à la partie antérieure des cellules de plusieurs Eschariens, mais dont les espèces que nous venons de passer en revue paraissent être privées.

C'est à l'espèce dont nous nous occupons ici que nous paraît appartenir l'Eschare décrit par Moll (4) comme étant l'Eschare

(1) *Eschara bidentata* nob.
(2) Pl. 3, fig. 2.
(3) Pl. 3, fig. 2a.
(4) Op cit p. 33, pl. 1, fig. 2.

foliacé et réuni par cet auteur, ainsi que par son prédécesseur Pallas (1), à l'Eschare à bandelettes, car dans celui-ci la forme de l'ouverture est à-peu-près la même que celle que nous venons de décrire; et c'est peut-être ce qui a porté ces naturalistes à regarder ces deux Polypiers comme de simples variétés d'une même espèce.

§ 6. *De l'Eschare à bandelettes.* (2)

(Planche 4, fig. 1.)

L'Eschare à bandelettes est extrêmement voisine de l'espèce précédente. Ainsi qu'on pourra le voir par les figures qui accompagnent ce mémoire, la forme des cellules et de leur ouverture est presque entièrement la même (3); on ne remarque aussi rien de particulier dans les dimensions de ces loges calcaires, mais leur mode d'agrégation est caractéristique et trop constant pour ne pas être considéré comme indicateur d'une différence spécifique. En effet, l'Eschare à bandelettes tient en quelque sorte le milieu entre l'Eschare cervicorne et l'Eschare foliacé ou l'Eschare bidenté; ses cellules se réunissent de manière à former des lanières allongées, irrégulières et ramifiées (4), qui sont toujours beaucoup plus larges que les branches de l'Eschare cervicorne, sans jamais s'étendre latéralement, comme les expansions lamelleuses de l'Eschare foliacé, et cette disposition ne paraît pas dépendre de l'âge, car j'ai vu un échantillon de ce polypier ayant près d'un pied de diamètre, et offrant

(1) Elenchus p. 44.

(2) *Porus cervinus* Ellis Hist. nat. des Corallines p. 87, pl. 30, fig. *b*.
Millepora tœnialis Ellis and Solander Nat. Hist. of Zooph. p. 133.
Eschara fascialis Pallas Elenchus p. 42.
— Moll Eschara p. 30, pl. 1, fig. 1.
— Lamarck, Hist. nat. des anim. sans vertèbres, t. 2, p. 175 et 2e édit. t. 2, p. 267.
— Lamouroux, Encyclopédie méthod. Zooph. p. 375.
— De Blainville, Dict. des Scienc. nat. t. 15, p. 297, et Manuel d'actinologie, p. 428.
— Fleming Brit. anim. p. 531.
Peut-être faudrait-il aussi rapporter à cette espèce plutôt qu'à l'Eschare cervicorne la figure 4 de Bonanni (Mus. Kirk. pl. 286, fig. 13.)

(3) Pl. 4, fig. 1a et 1b.

(4) Pl. 4, fig. 1.

des branches partout de même largeur. Il serait possible qu'elle tînt à la position dans laquelle la masse se développe, car on concevrait que, si la croissance latérale de l'Eschare bidenté se trouvait entravé de manière à le forcer à s'allonger comme cela se voit pour les arbres plantés très dru, ce polypier pourrait prendre la forme de celui dont il est ici question; mais jusqu'à ce qu'on ait constaté de pareilles modifications, sinon chez les Eschares dont nous nous occupons, du moins dans des espèces voisines, on n'en peut admettre l'existence, et on doit continuer à considérer l'Eschare à bandelettes comme formant une espèce particulière.

Ce Polypier paraît habiter nos côtes.

§ 7. *De l'Eschare croisé.* (1)

(Planche 4, fig. 2.)

L'Eschare croisé se rapproche de l'Eschare foliacé par sa forme générale, car le double plan de cellules constitue des expansions lamelleuses très larges et flexueuses qui se rencontrent dans des directions variées et se soudent alors entre elles, de manière à donner naissance à une masse caverneuse (2). La disposition de ces cloisons ne paraît pas être tout-à-fait la même que dans l'Eschare foliacé; mais n'ayant vu qu'un seul échantillon de ce polypier, je ne sais jusqu'à quel point elle peut être constante. La forme générale des cellules est aussi très peu différente de celle de ce dernier polypier; mais l'ouverture de ces loges est toute autre : dans le jeune âge, cet orifice est presque pyriforme (3), et, par la suite, il ressemble à un triangle renversé, dont les angles seraient arrondis et les côtés concaves (4). Dans les

(1) *Eschara decussata* Lamarck, Hist. nat. des anim. sans vert. t. 2. p. 175 et 2e édit t. 2, p. 267.

—Lamouroux, Encyclopédie méthodique. Zoophytes p. 374.

—De Blainville, Dict. des Scienc. nat. t. 15, p. 297 et Manuel d'actinologie p. 329.

(2) Pl. 4, fig. 2.

(3) Pl. 4, fig. 2^a^.

(4) Pl. 4, fig. 2^b^.

cellules anciennes, on remarque aussi, à côté de l'ouverture principale, une petite ouverture accessoire également triangulaire, qui est formée par la chute d'un appendice d'apparence cornée (1), analogue à ce que nous avons déjà rencontré dans l'Eschare lichénoïde.

Ce Polypier a été trouvé par Péron et Lesueur pendant leur voyage aux terres australes et Lamarck dit qu'il habite l'Océan austral, mais on ne peut avoir que peu de confiance dans cette indication car dans les collections du Muséum tous les Zoophytes rapportés par les deux naturalistes que nous venons de nommer portent cette même étiquette quelque soit la localité d'où ils proviennent réellement.

§ 8. *De l'Eschare à grands pores.* (2)

(Planche 4, fig. 3.)

Cette espèce, dont M. de Blainville a signalé l'existence, mais dont il n'a été encore publié ni description ni figure, m'a été communiqué par M. Michelin. Elle ressemble beaucoup à l'Eschare foliacé par son port (3); ses lames sont seulement plus flexueuses, mais elle diffère de toutes les espèces précédentes par la forme des cellules. Ces loges représentent des ellipsoïdes alongés; dans le jeune âge, leur surface assez saillante est marquée tout autour de stries rayonnantes terminées chacune par un pore et circonscrit par une bordure linéaire (4); mais, par l'épaississement de leurs parois, elles deviennent presque planes, et on ne distingue plus, vers leurs bords, que la série de pores dont il vient d'être question : dans le reste de leur étendue, elles sont presque entièrement lisses (5). Enfin l'ouverture de ces cellules, toujours très grande et à-peu-près circulaire, est d'abord oblique et presque terminale; elle occupe alors toute la largeur de l'extréminé antérieure de la loge, mais peu-à-peu elle

(1) Pl. 4, fig. 2^b; c.

(2) *Eschara grandipora* Blainville. Manuel d'actinolgie, p. 429.

(3) Pl. 4, fig. 3.

(4) Pl. 4, fig. 3_a.

(5) Pl. 4, fig. 3^b.

se rétrécit et finit par se boucher, changement qui paraît dû à l'ossification et à la soudure de l'opercule plutôt qu'au rapprochement des bords de l'orifice, car on distingue toujours la place occupée par ceux-ci (1). Il est enfin à noter que, par le progrès de l'âge, la petite échancrure située au milieu du bord inférieur de l'ouverture devient plus large et plus profonde.

On ne connaît pas la patrie de ce Polypier.

§ 9. *De l'Eschare épais.* (2)

(Planche 5, fig. 1.)

Le Polypier qui a été mentionné par M. de Blainville, sous le nom d'Eschare épais, et qui se trouve dans la collection de M. Michelin, est également remarquable par son port et par la conformation des cellules dont il se compose. Je pense que c'est la même espèce que celle figurée par Esper sous le nom de *Cellepora crispata* (3); mais dans la crainte d'augmenter la confusion qui règne déjà dans la synonymie des zoophytes, j'ai préféré adopter la dénomination dont l'application ne laisse aucune incertitude.

Les lames qui constituent ce Polypier sont beaucoup plus épaisses que chez la plupart des Eschares, et toutes, assez étroites à leur base, s'élargissent promptement, se contournent diversement, se divisent en branches et se soudent, de manière à ne laisser entre elles que peu d'intervalles et à former une masse confuse. (4)

Les cellules sont très grandes et fort larges (5). Dans les échantillons que j'ai vus, leurs parois étaient très épaisses et elles étaient peu distinctes entre elles, ce qui dépendait probablement de l'âge auquel ils étaient parvenus. Leur surface est ornée de séries longitudinales de tubercules, perforés au centre; enfin,

(1) Pl. 4, fig. 3b *b*.

(2) *Eschara incrassata* Blainville. Manuel d'actinologie, p. 429.

(3) Esper Pflanzenthière Cellep. tab. IX.

(4) Pl. 5, fig. 1.

(5) Pl. 5, fig. 1a.

leur ouverture est circulaire, presque terminale, et dirigée très obliquement en avant; un gros tubercule, qui s'élève de chaque côté de cet orifice, en modifie considérablement l'aspect; ces mamelons se dirigent d'abord en avant (1), mais bientôt se prolongent en dedans comme deux cornes qui finissent par se joindre au-devant de l'ouverture, se soudent entre elles, s'épaississent, et donnent ainsi à la cellule la forme d'un carré alongé, en même temps qu'elles diminuent beaucoup l'étendue de l'orifice de ces loges. (2)

On ignore la patrie de ce Zoophyte.

§ 10. *De l'Eschare sillonné.* (3)

(Planche 5, fig. 2.)

Parmi les Polypiers rapportés de l'Australasie par MM. Quoy et Gaymard, et conservés dans le Muséum du Jardin-du-Roi, se trouve une autre espèce d'Eschare, qui ne me paraît pas avoir été décrite, et qui se distingue facilement de toutes les précédentes : je la désignerai sous le nom d'Eschare sillonné.

Elle forme de larges expansions lamelleuses un peu contournées et d'une consistance tout-à-fait pierreuse. Les cellules, de grandeur médiocre et presque aussi larges que longues, sont très bombées et séparées entre elles par des sillons profonds qui se correspondent de manière à former, sur toute la surface du Polypier, une sorte de réseau à mailles quadrilatères. L'ouverture des cellules est subterminale, dirigée presque perpendiculairement au grand axe de la cellule et de forme à-peu-près ovalaire; quelquefois cependant elle devient presque semi-circulaire par l'effet du développement de son bord inférieur (4). Dans le jeune âge, la surface de ces cellules n'offre rien de particulier, mais dans celles situées à quelque distance des bords du Polypier, on y remarque, sur la ligne médiane, à quelque

(1) Pl. 5, fig. 1*b*.
(2) Pl. 5, fig. 1*c*.
(3) *Eschara sulcata* nob. Collect. du Muséum.
(4) Pl. 5, fig. 2.

distance au-dessous du bord inférieur de l'ouverture, un tubercule qui devient pyriforme, se recourbe en avant et présente en dessus une lame triangulaire d'apparence cornée, qui paraît enchâssée dans un cadre calcaire (1). Le sommet de cette éminence s'avance plus tard au-dessus de l'ouverture de la cellule, la cache peu-à-peu et envahit même la base de la cellule située au-dessus. Enfin, on voit dans le voisinage de ces grands appendices d'autres productions qui s'élèvent au-dessus de la surface générale du Polypier, et qui semblent être ces mêmes parties parvenues à un degré ultérieur de développement : ce sont de grandes cellules ellipsoïdes, très bombées, environ deux fois aussi grandes que les cellules primitives placées au-dessous et présentant une grande ouverture transversale qui, située d'abord vers le tiers de la surface supérieure, en occupe l'extrémité chez celles dont le volume est plus considérable. (2)

La manière dont ces productions se forment et se développent a la plus grande analogie avec ce qui a lieu dans un autre point des parois de la cellule tégumentaire du Polype chez d'autres Eschariens, à l'extrémité antérieure de laquelle on voit apparaître un tubercule qui grandit peu-à-peu, et finit par constituer une grosse vésicule dont la surface présente souvent une ouverture semblable à celle occupée ici par la lame cornée dont nous avons parlé. Les observations de Loefling et de plusieurs autres naturalistes nous ont appris que ces vésicules sont des capsules gemmifères, et par conséquent nous sommes porté à croire qu'il doit en être de même ici, et que le tubercule pyriforme, dont nous venons de décrire les divers états, doit être considéré comme étant un réceptacle contenant les gemmules et servant à leur livrer passage. D'un autre côté, ces tubercules ressemblent aussi beaucoup aux prolongemens cornés que nous avons déjà vus se former sur les parties latérales des cellules de l'Eschare lichénoïde, et nous croyons que, sans faire aucun rapprochement qui ne soit fondé sur des analogies évidentes, on peut rapporter toutes ces productions à une même classe. Une ob-

(1) Pl. 5, fig. 2[b] ; *b.* et *c.*
(2) Pl. 5, fig. 2[a].

servation qui vient à l'appui de cette opinion, c'est que, dans aucune des espèces où nous avons trouvé ces tubercules pyriformes plus ou moins développés, nous n'avons rencontré de vésicule gemmifère insérée sur le bord supérieur de l'ouverture de la cellule et *vice versâ;* cette coexistence pourrait cependant avoir lieu sans impliquer une différence dans la nature de ces productions, car il arrive souvent que deux ou même trois tubercules pyriformes se développent sur la surface d'une même cellule; l'espèce dont nous nous occupons ici nous a même fourni un exemple de cette multiplication de tubercules reproducteurs. (1)

§ 11. *De l'Eschare lobulé.* (2)

(Planche 5, fig. 3.)

L'Eschare lobulé de Lamarck m'a présenté de nouveaux exemples des divers degrés de développement des tubercules pyriformes que j'ai cru pouvoir assimiler aux vésicules gemmifères sus-orales de quelques autres Eschariens.

Cette espèce se compose, comme toutes les précédentes, de deux plans de cellules adossées, intimement soudées entre elles et se correspondant en général exactement. Les lames ainsi formées sont larges et tendent à s'étaler latéralement en lobes plus ou moins subdivisés; (3) leur tissu est très dur et les ouvertures des cellules si petites qu'on ne les distingue qu'imparfaitement à l'œil nu. Les dimensions des cellules elles-mêmes sont aussi très petites comme on pourra s'en convaincre en comparant les figures qui les représentent grossies vingt-quatre fois avec celles des autres Eschares également amplifiées (4). Dans le jeune âge on distingue autour de chacune de ces loges une espèce de bordure formée par une multitude de petits replis parallèles, et on remarque aussi sur la surface ainsi entourée un

(1) Pl. 5, fig. 2 *e*.

(2) *Eschara lobulata* Lamarck. Hist. des an. sans ver., t. 2. p. 177, et 2e éd., t. 2. p. 268.
— Lamouroux. Encyclop. méthod. Zooph. p. 375.
— Blainville. Dict. des Sc. nat., t. 15, p. 277, et Man. d'actinol. p. 428.

(3) Pl. 5, fig. 3.

(4) Pl. 5, fig. 3 *a*.

certain nombre de tubercules arrondis, déprimés et disposés régulièrement, au milieu desquels est une élévation lisse et peu saillante (1), mais par les progrès de la croissance tout cela change : la bordure disparaît et les limites respectives des cellules cessent d'être reconnaissables à l'extérieur ; les tubercules verruqueux se perdent dans les inégalités de la surface du Polypier ; enfin le centre de chaque cellule s'élève et bientôt présente sur la ligne médiane une ligne d'apparence cornée dont la portion postérieure ne tarde pas à s'élargir de manière à y prendre une forme triangulaire ; cette élévation, d'abord régulièrement bombée, s'avance ensuite vers l'extrémité antérieure de la cellule, devient à-peu-près pyriforme, chevauche sur l'ouverture de cette loge, la recouvre complètement et s'avance même sur la cellule suivante en acquérant des dimensions très considérables. (2)

Quant à l'ouverture de la cellule elle est terminée en avant par un bord semi-circulaire et en arrière par un bord droit ; elle se trouve dans le plan même de la surface du Polypier.

L'Eschare lobulé, de couleur violacée, paraît appartenir aux mers de l'Australasie ; Péron et Lesueur l'ont rapporté de leur voyage de circumnavigation, et on en voit plusieurs échantillons dans la collection du Muséum du Jardin-du-Roi.

§ 12.

On connaît quelques autres Polypiers récents qui paraissent appartenir au même type générique que les précédens ; mais n'ayant pas eu l'occasion de les observer directement je crois inutile d'en parler ici. Je me bornerai à en indiquer les noms :

1° *Eschara lobata* Lamouroux. Exposition méthodique des genres de l'ordre des Polypiers. p. 40, pl. 42, fig. 9 12.

2° *Eschara scorbinula* Lamarck. Hist. des animaux sans vert. t. 2, p. 177.

(1) Pl. 5, fig. 3 [b].
(2) Pl. 5, fig. 3[c].

3° *Cellepora palmata* Fleming. British animals. p. 532.

5° *Cellepora lævis* Fleming loc. cit.

L'*Eschara chartacea* de Lamarck présente des particularités de structure que je me propose de décrire dans une autre occasion et qui me paraissent devoir le faire exclure du genre des Eschares proprement dits.

EXPLICATION DES PLANCHES.

PLANCHE I.

Fig. 1. ESCHARE CERVICORNE, *Eschara cervicornis* de grandeur naturelle.

Fig. 1^a. Portion d'une jeune branche du même Polypier, grossie vingt-quatre fois (1), pour montrer la forme et l'arrangement des cellules tégumentaires.

Fig. 1^b. L'une de ces cellules, dont les parois sont réduites à l'état membraneux par l'action d'un acide sur le carbonate de chaux dont son tissu était rempli. — *a.* l'ouverture de la cellule; *b.* sa face antérieure; *c.* sa face postérieure. On distingue dans son intérieur la gaîne renfermant les tentacules et le tube intestinal.

Fig. 1^c. L'un de ces Polypes dépouillé de sa cellule tégumentaire et de la gaîne des tentacules, grossi encore davantage. — *a.* les tentacules qui entourent la bouche; *b.* première cavité digestive, qui paraît être analogue à la cavité respiratoire des ascidies composées; *c.* filamens naissans de la portion du canal alimentaire qui suit cette première cavité; *d.* estomac; *e.* intestin; *f.* anus; *g.* muscles rétracteurs de la gaîne tentaculaire.

Fig. 1^d. L'un de ces Polypes également dépouillé de sa cellule tégumentaire, mais ayant conservé la gaîne tentaculaire. *a.* bords de cette gaîne qui se continuent avec le pourtour de l'ouverture de la cellule; *b.* la gaîne contenant les tentacules contractés; *c.* ses muscles rétracteurs; *d.* première cavité digestive; *e.* appendices filiformes du canal alimentaire; *f.* estomac contracté; *h.* organe qui paraît être un ovaire, et qui est suspendu à l'intestin *g.*

Fig. 1e. Opercule de l'une des cellules détaché et très fortement grossi. *a.* l'opercule; *b.* ses muscles abaisseurs.

Fig. 1^f. Coupe transversale d'une jeune branche du Polypier, pour montrer la manière dont les cellules sont adossées sur deux plans.

Fig. 1^g. Portion d'une vieille branche du même Polypier, grossie comme celle représentée fig. 1^a, pour montrer les modifications que l'épaississement de la paroi externe des cellules détermine dans la forme extérieure de ces loges.

Fig. 1^h. Une jeune cellule dont les parties organiques ont été détruites par l'action d'une dissolution alcaline.

Fig. 1^i. Portion d'une jeune cellule, pour montrer la forme de son ouverture et la disposition de son opercule.

(1) Toutes les figures grossies ont été dessinées à l'aide de la chambre claire appliquée au microscope. Les grossissemens indiqués sont linéaires.

Fig. 1 *i*. Ouverture d'une cellule plus avancée en âge, dont la lèvre inférieure s'avance et le bord s'épaissit.

Fig. 1 *k*. Ouverture d'une cellule plus âgée que la précédente.

Fig. 1 *l*. Ouverture d'une cellule dont la portion inférieure est déjà complètement obstruée, et dont la forme est devenue circulaire.

PLANCHE II.

Fig. 1. Portion du même Polypier dont les cellules très vieilles sont déjà presque toutes complètement fermées et confondues entre elles; vers le centre du Polypier. on voit la double rangée de ces cellules (*c*.) dont la paroi externe est devenue extrêmement épaisse. *o*. ouverture de l'une de ces cellules devenue rudimentaire et prête à se fermer.

Fig. 1*a*. Coupe théorique de l'un des polypes de l'Eschare cervicorne, pour montrer les connexions de la cellule avec la gaîne tentaculaire, la position du tube digestif, etc.

Fig. 2. ESCHARE GRÈLE, *Eschara gracilis* Lam., de grandeur naturelle.

Fig. 2*a*. Portion d'une jeune branche grossie vingt-quatre fois, pour montrer la forme des cellules.

Fig. 3. ESCHARE LICHENOIDE, *Eschara lichenoïdes* de grandeur naturelle.

Fig. 3*a*. Jeunes cellules du même, grossies 45 fois *b*. une cellule qui n'a pas encore d'ouverture accessoire; *c*. cellules qui présentent cet orifice.

Fig. 3 *b*. Cellules du même polypier plus avancées en âge et ayant pris une forme elliptique.

Fig. 3*c*. Cellules du même plus âgées; *a* ouverture accessoire; *b*. premier vestige de l'appendice latéral; *b'* un de ces appendices plus avancés en âge; *b''* un troisième dont le développement est plus avancé; *b'''* un de ces mêmes appendices ayant la forme d'une corne oblique; *d*. une cellule sur laquelle se développent deux de ces appendices.

PLANCHE III.

Fig. 1. ESCHARE FOLIACÉ. *Eschara foliacea* de grandeur naturelle.

Fig. 1*a*. Jeunes cellules grossies 24 fois.

Fig. 1*b*. Cellules du même Polypier plus avancées en âge.

Fig. 1*c*. Portion plus vieille du même Polypier; *a*. *a*. cellules dont l'ouverture est déjà bouchée.

Fig. 1*d*. *Variété B de l'Eschare foliacé* de grandeur naturelle.

Fig. 1*e*. Jeunes cellules du même Polypier.

Fig. 1*f*. Vieilles cellules du même.

Fig. 2. ESCHARE BIDENTÉ. *Eschara bidentata;* quelques cellules grossies 24 fois.

Fig. 2*a*. Cellules du même dont l'ouverture s'est modifiée par les progrès de l'âge.

PLANCHE IV.

Fig. 1. ESCHARE A BANDELETTES. *Eschara fascialis* de grandeur naturelle dessiné au trait.

Fig. 1 *a*. Cellules du même grossies 24 fois.

Fig. 1*b*. Vieilles cellules du même.

Fig. 2. ESCHARE CROISÉ. *Eschara decussata* de grandeur naturelle; dessiné au trait.

Fig. 2ᵃ. Cellules du même grossies 24 fois.

Fig. 2ᵇ. Cellules plus âgées; *a.* ouverture d'une cellule; *b.* ouverture accessoire laissée après la chute des appendices (*c.*)

Fig. 3. ESCHARE A GRANDS PORES, *Eschara grandipora* de grandeur naturelle; dessiné au trait.

Fig. 3ᵃ. Jeunes cellules du même grossies 24 fois.

Fig. 3ᵇ. Vieilles cellules; *a.* une cellule dont l'ouverture persiste; *b.* une cellule dont l'entrée est oblitérée.

PLANCHE V.

Fig. 1. ESCHARE ÉPAIS, *Eschara incrassata* de grandeur naturelle.

Fig. 1ᵃ. Cellules du même grossies 24 fois.

Fig. 1ᵇ. Croquis de quelques cellules plus âgées.

Fig. 1ᶜ. Croquis de quelques cellules plus vieilles encore; *a.* cellules dont les tubercules latéraux se recourbent au dessus de la bouche; *b.* cellule plus âgée; *c.* cellule dont l'ouverture s'est modifiée davantage par le développement des tubercules latéraux.

Fig. 2. ESCHARE SILLONNÉ, *Eschara sulcata;* croquis de quelques cellules grossies 24 fois; *a.* une cellule sans tubercule; *b.* cellule sur la face antérieure de laquelle une des loges pyriformes commence à se montrer; *c.* un de ces appendices plus développé et commençant à s'avancer au devant de l'ouverture de la cellule; *d.* un des mêmes appendices beaucoup plus grand et ayant déjà recouvert toute la partie supérieure de la cellule; *e.* une cellule sur laquelle il se forme trois de ces appendices.

Fig. 2ᵃ. Portion du même polypier; même grossissement; *a.* cellule dans son état ordinaire; *b.* cellule portant un appendice pyriforme peu développé; *c.* un de ces appendices devenu très grand; *d.* et *e.* grosses loges ovoïdes qui recouvrent les cellules normales et qui paraissent être le dernier terme du développement de ces appendices.

Fig. 3. ESCHARE LOBULÉ, *Eschara lobata* de grandeur naturelle.

Fig. 3ₐ. Cellules du même grossies au même degré que dans toutes les figures précédentes.

Fig. 3ᵇ. Jeunes cellules grossies 45 fois; *a.* cellule sans tubercules reproducteurs; *b.* premier vestige d'un de ces tubercules; *c.* un de ces tubercules plus développé.

Fig. 3ᶜ. Quelques cellules plus avancées en âge, grossies davantage et portant de grands tubercules (*a*); — *b.* un de ces appendices recouvrant toute la portion supérieure de la cellule dont il naît et une grande partie de la cellule voisine.

Pl. 1.

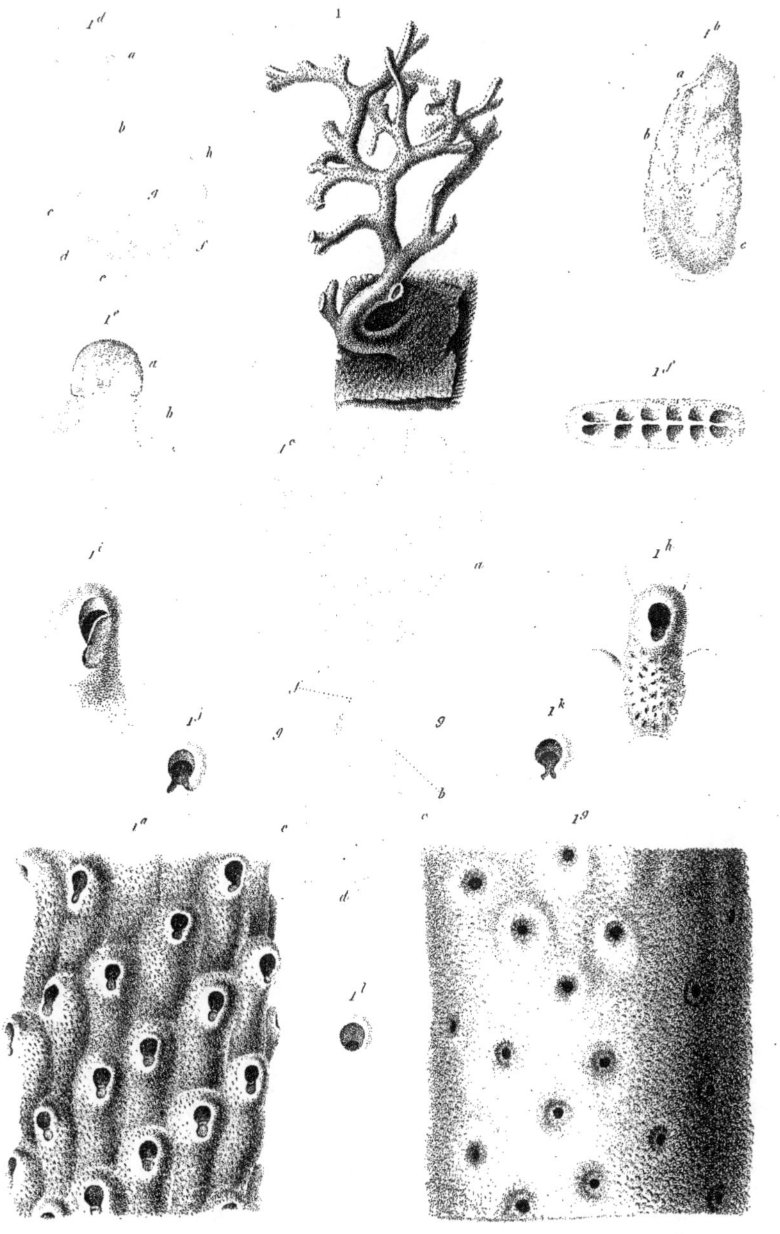

Forget sc.

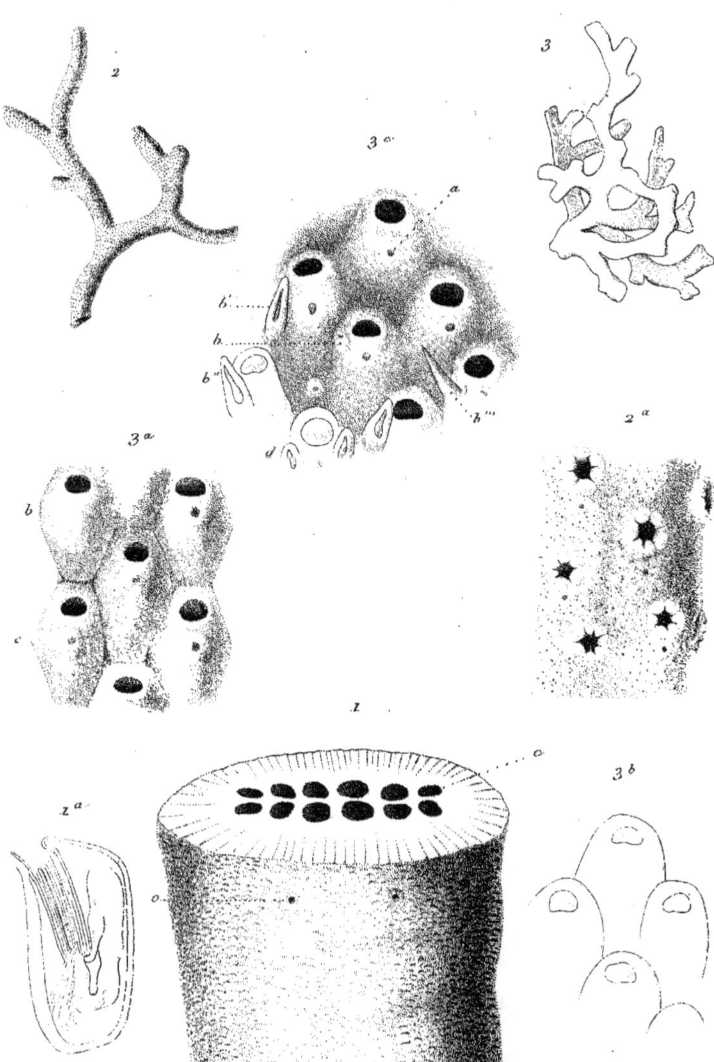

Eschares

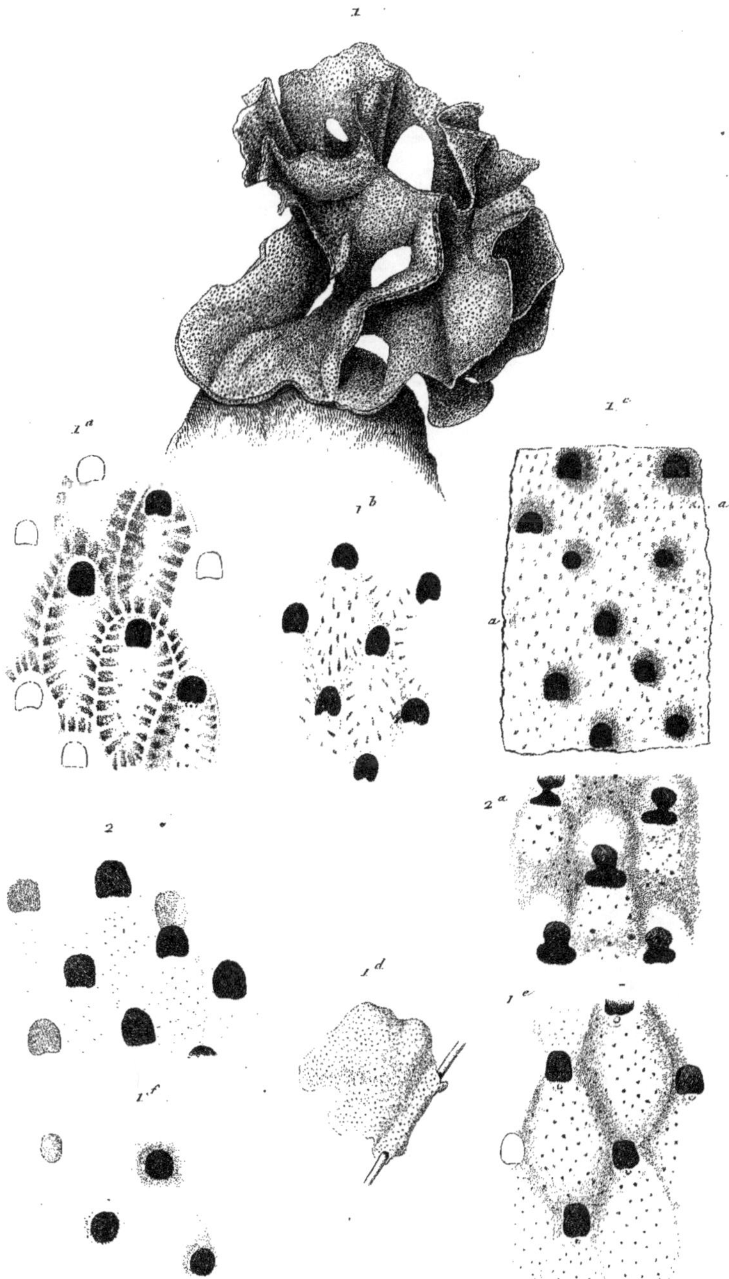

Eschares

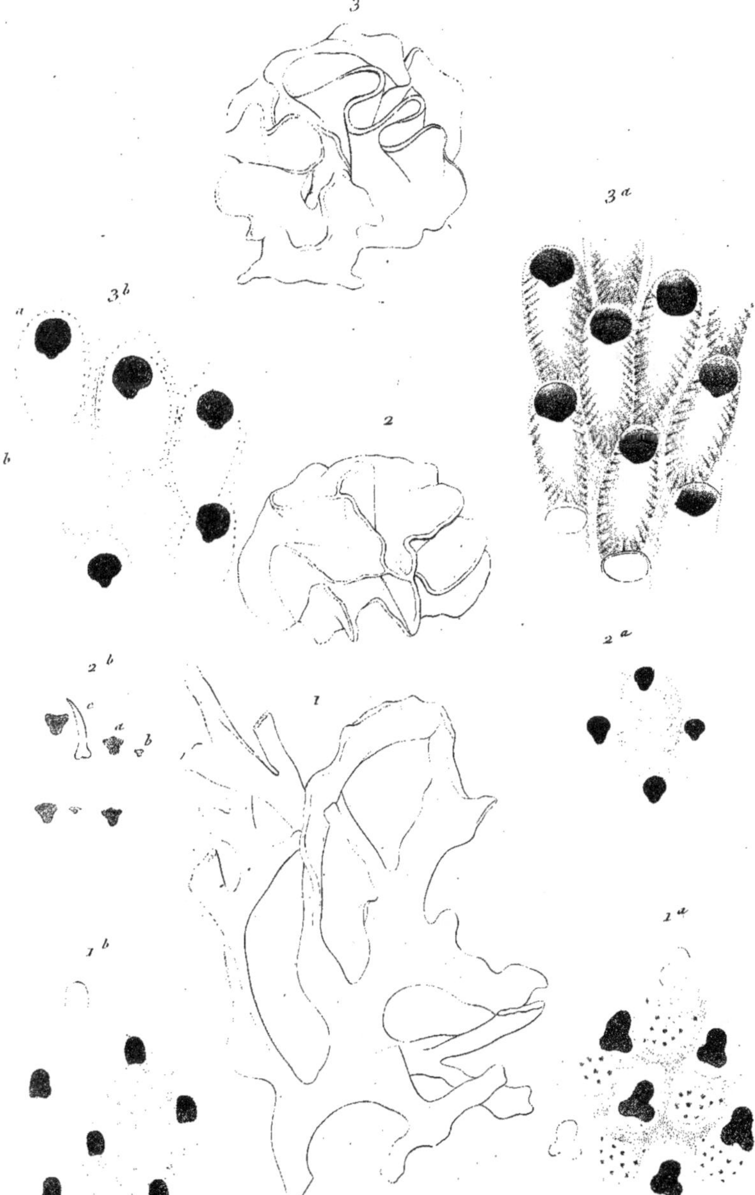

Eschares.

Eschares.

PROPOSITIONS.

§ I.

Il existe dans la classe des Polypes quatre types organiques principaux, et, par conséquent, on doit, dans la classification naturelle de ces êtres, les diviser en quatre ordres, savoir :

1° Les Sertulariens, comprenant les Hydres, les Campanulaires, les Sertulaires, etc. ;

2° Les Alcyoniens, comprenant les Alcyons proprement dits, les Cornulaires, les Gorgones, le Corail, les Pennatules, etc.;

3° Les Zoanthaires de M. de Blainville;

4° Les Bryozoaires, comprenant les Vorticelles proprement dites, les Serialaires, les Cellaires, les Flustres, les Eschares, etc.

§ II.

Les Spongiaires sont dépourvus de Polypes proprement dits, mais doivent cependant être rapprochés de cette classe d'animaux, comme offrant d'une manière permanente un mode d'organisation très analogue à l'un des états transitoires que présentent les nouvelles pousses de certains Alcyoniens.

§ III.

L'ordre des Bryozoaires peut être considéré comme la dégradation ou simplification du type organique propre aux Mollusques. Ce sont les Ascidies composées qui établissent le passage entre ces deux groupes.

§ IV.

L'ordre des Sertulariens, l'ordre des Alcyoniens et l'ordre des Zoanthaires, se lient d'une manière très intime et forment une seule série naturelle. L'ordre des Alcyoniens se lie aussi aux Acalèphes par les Béroés, et l'ordre des Zoanthaires conduit aux Echinodermes.

§ V.

Les Vibrions, les Vers intestinaux, les Rotateurs et les Lernées, appartiennent à la série des animaux articulés.

§ VI.

L'embranchement des animaux radiés, tel que Cuvier l'a établi, renferme donc quatre types principaux dont un seul mérite réellement ce nom; les trois autres (savoir : les Spongiaires, les Bryozoaires, et les articulés), n'ayant pour ainsi dire rien de radié dans leur organisation.

§ VII.

Le grand embranchement des animaux articulés devrait être divisé en deux séries principales qui l'une et l'autre commencent dans le groupe d'animalcules désignés généralement sous le nom d'Infusoires.

L'une de ces séries comprend les Brachions, etc., les Lernées, les Cirrhipèdes, les Crustacés, les Arachnides et les Insectes.

L'autre correspond à-peu-près à la division des Vers, soit à sang rouge, soit à sang blanc.

§ VIII.

Certains Crustacés éprouvent, après la naissance, des modifications dépendantes de la disparition de certains organes, aussi bien que de la formation de parties nouvelles.

Ce sont les Crustacés parasites qui éprouvent les métamorphoses les plus grandes; mais d'autres animaux de cette classe subissent aussi, dans le jeune âge, des changemens considérables; ainsi les Dromies sont d'abord conformés pour la natation, comme les Macroures, et n'acquièrent que par les progrès de l'âge le mode d'organisation propre aux Crustacés marcheurs et analogue à celui des Brachyures.

§ IX.

La carapace des Crustacés n'est autre chose que l'arceau dorsal du troisième ou quatrième anneau céphalique du squelette tégumentaire parvenu à un haut degré de développement et ayant chevauché sur les anneaux voisins.

§ X.

Les Charansons sécrètent de l'acide urique aussi bien que les Vers à soie, les Cantharides, le Hanneton et le Lucane cerf-volant, chez lesquels la formation de cette substance a été signalée par divers naturalistes. Il est par conséquent probable que l'acide urique caractérise la sécrétion urinaire chez tous les insectes.

Les Salamandres aquatiques sécrètent de l'urée et point d'acide urique.

§ XI.

Nous croyons que c'est à tort que plusieurs chimistes admettent l'existence normale de l'acide benzoïque (ou de l'acide hippurique) dans l'urine des jeunes enfans.

En faisant l'analyse de l'urine d'un enfant de cinq mois, nous n'avons trouvé aucune trace de cet acide.

§ XII.

La phosphorescence des animaux marins vivans paraît dépendre de la sécrétion d'un liquide particulier qui émet de la lumière même sans le contact de l'air, et qui est plus dense que l'alcool à 30°.

La phosphorescence de la mer paraît dépendre en partie de cette cause et en partie de la lueur phosphorique qui se dégage du cadavre de la plupart de ces animaux marins lorsque la putréfaction s'en empare.

Permis d'imprimer,

L'inspecteur général des études, chargé de l'administration de l'Académie de Paris,

ROUSSELLE.

Vu et approuvé par le doyen de la Faculté des Sciences,

30 juin 1836.

Baron THENARD.

www.ingramcontent.com/pod-product-compliance
Lightning Source LLC
LaVergne TN
LVHW011954160826
845678LV00002B/543

* 9 7 8 2 3 2 9 6 8 0 8 4 2 *